아이를 위한
면역학 수업

아이를 위한
면역학 수업

박지영 지음

감염병,
백신,
항생제

창비

'면역'에 대한 올바른 이해 없이 아이를 건강하게 키우는 일은 모래성 쌓기와 같습니다. 이런 소문과 저런 정보에 휩쓸리기만 하지요. 오히려 건강에 해로운 결정을 내리기도 쉬워 한편으로는 위험하기도 합니다. 면역에 대한 오해는 항생제나 예방 접종에 대한 맹목적인 신뢰나 불신으로 이어집니다. 또 '면역력 강화'라는 신기루를 좇아 돈과 시간을 낭비하고 건강을 해치기도 합니다. 면역에 대한 올바른 이해는 쉽지 않습니다. 세균과 바이러스의 차이를 이해해야 하고, 항생제가 어떤 식으로 세균을 죽이는지 바이러스 치료제는 왜 만들기 어려운지 알아야 합니다. 그리고 이러한 차이가 예방 접종 백신을 개발할 때 어떻게 적용되는지도 이해해야 합니다. 여기까지 아는 데 의과대학에서 4년이 걸립니다. 면역을 설명한다는 것은 현대 의학의 정수를 알려 주는 일과 같습니다. 그런

점에서 이 책은 비전공자를 위한 작은 의과대학과 같습니다.

박지영 선생은 그저 쉬운 설명을 위해 무리한 비유를 끌어오지 않습니다. 어려운 개념은 어려운 그대로 설명하되 쉬운 예시를 들어 이해를 돕습니다. 중요한 의학적 발견은 그 앞뒤의 역사적인 맥락을 짚어 주고 현대 의학에서의 의미를 다시 한번 일깨워 주기에 흥미롭고 감동적입니다. 그리고 이 책의 목적은 단지 면역을 배워 나와 내 아이가 건강해지는 것에만 있지 않습니다. 저자는 '면역이란 나와 내가 아닌 것의 구분으로 시작'한다는 기본에서 출발하여 그 '나'는 도대체 어디까지인지 살펴보기를 주문합니다. 그 '나'는 '나와 내 안에 살고 있는 미생물의 합'이며 '나와 그 미생물들을 주고받는 우리 사회' 전체이고 그 '나'들이 서로 교류하는 이상 '나'는 인류 전체이자 그 인류가 살고 있는 이 지구 환경이 아니겠냐고 묻습니다. 반복되는 새로운 감염병을 통해 '나'의 건강이 오직 '나'의 면역으로만 지켜질 수 없음이 분명해진 지금, 이보다 더 시의적절한 수업이 있을까요.

『아이를 위한 면역학 수업』에는 면역력을 강화시키는 특별한 비법은 나오지 않습니다. 그 대신 면역에 대한 올바른 이해를 통해 전 지구적으로 나와 내 아이가 진정으로 건강하게 지내는 바른 길을 알려 줍니다. 내용이 정말 유익하고 무엇보다도 술술 재미나게 읽힙니다. 아이를 키우는 많은 부모들에게 권하고 싶습니다.

소아청소년과 전문의 정재호

면역을 알면 아이의 건강이 보여요

저희 집에는 장난꾸러기 아이 셋이 살고 있습니다. 다행히 셋 다 건강하게 커서 이제 학교를 다니는 나이가 되었지만 그동안 저희 집도 온갖 바이러스성 질환과 세균성 질환, 알레르기 질환으로 다 사다난했지요.

첫째가 태어났을 때는 정말 걱정이 많았어요. 갑자기 나타난 이 작고 여린 존재를 어떻게 다루어야 하는지 알 수가 없었으니까요. 아이가 배 속에 있을 때는 의학 지식과 육아 이론으로 무장한 천하무적 엄마가 될 줄 알았는데, 막상 세상에 내어놓고 보니 막막하기가 이루 말할 수 없었어요.

첫아이는 조기 양막 파열로 인해 유도 분만을 해서 낳았는데 염증 수치와 황달 수치가 높아 일주일 동안 신생아 중환자실에 입원해 항생제 주사를 맞아야 했어요. 꼭 필요한 조치였죠. 그 일주일 동안 엄마로서 해 줄 수 있는 일은 유축한 모유를 실어 나르는 것과 기도뿐이었어요. 그때 이 아이를 아프지 않게 하기 위해서라면 뭐든지 하겠다고 다짐했었지요.

대부분의 부모님들도 그때의 저와 같은 마음일 거라 생각해요. 아이가 아프지 않고 건강하게 잘 크도록 하고 싶다는 마음요. 그래서 아이의 면역력을 높여 주려면 어떻게 해야 하는지 무척이나 궁금해하십니다. 텔레비전, 인터넷, 신문 등 각종 매체에서도 면역에 대해 소리 높여 말합니다. 면역력을 높이려면 무엇을 먹어야 하는지, 어떤 영양제를 사야 하는지, 잠은 어디서 자고, 어떤 물건을 몸에 지니고 있어야 하는지까지 이야기하는 경우도 있어요.

어떤 분들은 '면역력'이라는 것이 마치 무협지나 만화에 나오는 방어막처럼 작용해서, 면역력이 높으면 세균이나 바이러스가 절대 침입할 수 없는 몸이 되는 것이라고 오해도 합니다. 마치 무균실에 있는 사람처럼 말이죠. 어렸을 때 감기를 자주 앓거나 잔병치레를 많이 한 사람들은 '면역력이 낮아서' 그렇다고 얘기를 많이 들었을 것입니다. 그렇다면 감기 한 번 걸리지 않는 것이 과연 좋을까요?

물론 큰 병치레를 하지 않는 것은 좋은 일이죠. 그렇지만 감기처럼 우리가 흔히 접하는 질환들은 어떨까요. 우리는 아이들이 전혀 아프지 않고 크기를 바라지만 면역의 작동 방식을 이해한다면 이는 불가능하다는 것을 알게 됩니다. 왜냐면 우리가 새로운 지식을 얻으려면 직접 경험이든 간접 경험이든 경험을 해야 하는 것처럼, 몸도 새로운 면역 기억을 얻으려면 '경험'이 필요하기 때문입니다.

아이들의 걸음마를 기억해 보세요. 혼자 그 한 걸음을 걷기 위해 수없이 넘어지고 엉덩방아를 찧었습니다. 아이가 처음으로 엄마 아빠를 부르던 순간을 떠올려 보세요. 그 한마디를 위해 의미 없어 보이는 옹알이와 자음 모음의 향연이 있었다는 것을 아실 겁니다. 물론 엄마 아빠의 도움도 절대적으로 필요합니다. 걸음마를 하다 넘어져도 다치지 않도록 옆에서 지켜보고 기다려 줘야 합니다. 옹알이를 할 때 눈을 마주치고 웃어 주고, 지속적으로 말을 걸어 줘야 합니다. 시간이 지나면 저절로 걷겠지 하며, 아이들이 다칠까 봐 일어서지도 못하게 막는 부모는 없습니다. 옹알이를 하거나 말 거나 방치하는 분도 없습니다. 그렇게 해서는 아이들이 성장하지 못한다는 것을 부모님들은 이미 알고 계시기 때문입니다.

면역 성장에도 '경험'이 필요합니다. 엉덩방아도 필요하고 옹알이도 필요합니다. 그런데 우리는 아이가 콧물만 흘려도, 기침만 해도 불안해합니다. 불안하니까 굳이 쓸 필요가 없는 약을 쓰거나, 할 필요가 없는 검사를 하기도 합니다. 그 불안의 이유는 무엇일까요?

아마 잘 모르기 때문일 겁니다. 아이가 아플 때 아이의 몸에서 어떤 일이 벌어지는지 잘 모르고, 어떻게 해서 아이가 병을 이겨 내고 다시 건강한 모습으로 돌아오는지 모르기 때문에 불안하지요. 이러한 불안을 없애기 위해 면역에 대해 조금 자세히 알아 두면 좋습니다.

사실 우리가 알고 있는 질병들 대부분이 '면역'과 관련되어 있습니다. 세균이나 바이러스, 기생충 등에 의한 감염성 질환, 아토피 피부염이나 음식 알레르기, 비염, 천식 등의 알레르기 질환, 류머티즘 관절염, 갑상선 항진증 등의 자가 면역 질환, 각종 종양성 질환들도 면역과 관련되어 있죠. 심지어는 파킨슨병이나 조현병, 자폐 스펙트럼 장애 같은 신경정신과 질환들도 면역과 일부 관련이 있습니다. 그러니 우리는 면역에 대해 알아야 할 필요가 있는 것이죠.

또한 저는 부모님들에게 '근거 중심의 자연주의 육아'를 하자고 말씀드리곤 합니다. 약과 검사의 오남용을 줄이고 의학적 근거를 토대로 한 자연주의 육아를 하자는 것이지요. 아이들도 너무 많은 항생제와 약에 노출되지 않고 건강하게 자라고, 지구의 환경도 보호할 수 있기 때문입니다. 이러한 육아를 할 수 있으려면 부모가 면역에 대해서 제대로 이해하는 것이 필요합니다. 그러면 근거 없는 불안감에 휘둘리지 않고, 중심을 잘 잡고 여유 있게 아이의 성장을 지켜볼 수 있기 때문이죠.

저는 면역학자가 아닙니다. 그저 스스로를 '의료 커뮤니케이터'라고 생각하고 있습니다. 의료 커뮤니케이터는 의료진과 환자, 보호자 사이에서 윤활유가 됩니다. 의학 지식을 쉽게 전달하여 환자와 의사 사이의 정보 격차를 줄이고, 짧은 진료 시간 탓에 충분히 설명하지 못하는 의사들의 이야기를 대신하여 신뢰 형성에 도움을 주는 것이죠.

의사로서 가진 경험과 지식을 토대로, 세 아이를 키운 부모로서의 경험과 마음을 더하여, 진료실에서 만났던 수많은 부모님들을 떠올리면서 이 책을 썼습니다. 면역에 대한 기본을 알려 드리고, 구체적으로 어떻게 아이의 면역 성장을 도와줄 수 있는지도 다루고자 했습니다.

최대한 쉽게 설명하려고 노력했지만 간혹 좀 어려운 내용도 나옵니다. 우리 몸의 면역 체계 자체가 꽤 복잡하기 때문입니다. 또한 면역학은 지금도 발전하고 있는 학문이기에 세부적인 내용은 바뀔 수 있다는 점도 말씀드리고 싶습니다. 하지만 적어도 면역의 기본적인 개념을 이해한다면, 부모가 조금 더 너른 시야로 아이의 성장과 건강을 바라볼 수 있을 것입니다. 그렇다면 한층 여유 있게 아이를 믿고 기다려 줄 수 있는 마음의 힘이 생기리라 믿습니다.

차례

7장
백신에 대한 걱정과 오해들

1장

면역이
뭐예요?

장면 하나 • 6개월 된 아기. 어제부터 기침이 나고 콧물을 흘려서 병원에 왔다. 버둥거리면서 잘 놀고 잘 웃는다. 어젯밤에 약간 코가 막혀 찡찡거리긴 했지만 평소만큼 자고, 먹는 양도 비슷하고, 놀 때는 기분도 좋다고 한다.

🐷 아직은 괜찮아 보이네요. 집에서 좀 지켜보셔도 될 것 같아요.

🐹 첫아이라 그런지 평소와 약간만 달라도 너무 불안해요. 콧물도 멎고 기침도 안 하게 좀 해 주세요.

장면 둘 • 18개월 아이. 어제부터 열이 나서 병원에 왔다. 열이 날 때는 좀 처지는 것 같지만 열이 내리면 잘 놀고, 먹는 양도 평소와 비슷하다. 콧물, 기침이 약간 있고 목도 약간 부어 있다.

😊 열이 나긴 하지만 아이 상태가 나쁘지 않으니 며칠만 지켜볼까요? 제가 보기엔 바이러스 감염인 것 같네요.

😠 그러다가 심해지면 어떡해요? 선생님, 그냥 항생제 주세요.

장면 셋 • 영유아 검진을 받으러 온 4세 아이. 아토피 피부염과 천식, 알레르기 비염을 진단받은 아이는 다양한 치료법을 시도해보다가 최근에는 면역력을 높이기 위해 각종 건강 보조 식품을 먹고 있다.

😊 아이가 아토피 피부염이 심하네요. 보습 잘 하셔야 되는 것 아시죠? 치료는 제대로 받고 있나요?

😠 선생님, 저는 스테로이드는 무서워서 못 쓰겠어요. 스테로이드를 쓰면 그때만 좋아지고 금방 또 나빠지더라고요. 아이가 아토피 피부염도 있지만 비염도 있고 천식도 있고 해서 면역력 높이는 치료를 해 보려고요. 보습제도 직접 만들어서 쓰고 있고, 인공적인 것은 최소화하려고 노력 중이에요.

장면 넷 • 초등학교 입학을 앞둔 아이. 그동안 예방 접종을 거의 하지 않았기에 학교에 낼 소견서를 받으러 왔다.

🙂 예방 접종을 안 한 특별한 이유가 있으신가요?

🙂 선생님, 우리 아이가 예방 접종을 하고 나서 아토피가 생겼어요. 그 다음부터 지금까지 예방 접종을 안 했는데 건강하게 잘 컸거든요. 예방 접종 안 해도 괜찮다고 소견서 써 주세요.

앞선 네 장면은 제 진료실에서 벌어지는 익숙한 풍경들입니다. 그리고 이 풍경들 모두 질병과 면역에 대한 오해를 담고 있습니다.

먼저 '면역'이라는 말부터 알아볼까요? 면역은 한자로는 免(면할 면), 疫(전염병 역)으로 '감염병*을 면하게 해 주는 것'으로 읽을 수 있어요. 영어로도 immunity는 라틴어 'immunitas'에서 유래하여 감염병을 피한다는 뜻을 가지고 있지요. 그렇기 때문에 면역이라는 것이 마치 방패나 보호막처럼 우리를 외부의 적과 분리해 주는 어떤 것이라고 생각하기 쉽습니다.

---

* 감염병과 전염병: 감염병이란 바이러스, 세균, 원충류, 기생충이 원인이 되어 발생하는 질병을 말하고, 전염병은 감염병 중에서도 다른 사람에게 옮아갈 수 있는 병을 말합니다. 우리나라에서는 2010년부터 공식적으로 전염병이라는 말을 쓰지 않고 감염병만 쓰고 있습니다. 사람 사이에 옮아가지 않는 감염병도 많은데 전염병이라는 말 때문에 불필요한 공포감이 생길 수 있기 때문입니다.

사실 면역의 시작은 '나'와 '적'을 구분하는 것이기는 합니다. 적과 나를 구분해야, 적을 물리치고 적으로부터 나를 보호할 수 있으니까요. 또한 면역은 나의 '친구'가 누구인지 잘 구분해 내는 것이기도 합니다. 친구를 적으로 오인하여 공격하면 친구의 도움을 받을 수 없기 때문이죠. 그런데 이 구분이 어떤 경우에는 애매합니다. 암세포는 분명히 '나'의 세포인데 '적'이기도 하죠. 몸속에서 여러 기능을 하는 체내 유익균human microbiota *은 분명히 '나'가 아니지만 '적' 또한 아니고 오히려 나를 도와줍니다. 우리 면역 시스템에서는 어떻게 이런 것들을 구분하고 있을까요?

우리 몸속 심장 앞쪽에 흉선이라는 기관이 있습니다. 이곳에서는 우리 몸의 면역 T세포들이 '나'와 '적'을 제대로 구분하도록 아주 혹독한 훈련을 받고 있습니다. 이 훈련에서 살아 나오는 면역 T세포는 불과 3~4%밖에 되지 않지요. 이 T세포의 훈련에는 체내 유익균의 도움이 꼭 필요합니다. 즉 면역이란 외부와의 격리가 아닌, 외부와 상호 작용하는 훈련을 통해 비로소 제대로 만들어지는 것이랍니다. 나에게 필요한 친구와 위험한 적을 구분하는 능력이 생기고 훈련을 거듭할수록 다양한 적에 대응할 수 있는 다채로운 무기를 만들 수 있는 것이지요.

---

* 원래 human microbiota는 체내의 모든 미생물들, 즉 세균, 바이러스, 곰팡이, 진핵 미생물 등을 포괄하는 용어지만 이 책에서는 이해를 돕기 위해 우리 몸에 긍정적인 작용을 하는 세균들을 지칭하는 말로 사용했습니다.

우리 몸의 면역의 두 단계

이제부터 조금 어려운 이야기를 해야 할 것 같아요. 최대한 쉽게 하고 싶지만 그래도 한 번은 짚고 넘어가야 하니 잘 따라와 주세요.

우리 몸의 면역은 두 가지 단계로 이루어집니다. 바로 내재 면역 (선천 면역)과 획득 면역(후천 면역)이죠.

내재 면역은 간단히 말하자면 '건강한 몸' 자체입니다. 건강한 피부와 점막, 그리고 거기서 분비되는 항생 물질들, 제대로 작동하는 내재 면역 세포들과 자연 항체 그리고 체내 유익균 말이죠. 이 내재 면역은 우리가 흔히 '면역' 하면 떠올리는 보호막의 성격을 가지고 있어요. 튼튼하고 건강한 피부와 점막은 우리 몸을 둘러싸고 바이러스나 세균이 들어오지 못하도록 막고 있으니까요. 이 방

어막을 뚫고 바이러스나 세균이 들어오면 그 다음 단계로 만나는 것이 내재 면역 세포들입니다.

이 세포들은 특별한 훈련이 없어도 처음 보는 적을 만났을 때 바로 활동을 시작합니다. 내재 면역 세포는 반응 속도가 아주 빠르지만 강하지는 않아요. 그리고 면역 기억 능력이 없기 때문에 다음에 똑같은 적이 들어와도 똑같은 반응밖에 하지 못하죠. 사람으로 치자면 직관적이고 행동이 빠른데 기억력은 좀 떨어지는 캐릭터예요. 대충 적이다 싶으면 냅다 공격부터 하고 다음에 같은 적을 만나도 기억을 못 하니까요.

그에 비해 획득 면역은 말 그대로 후천적으로 갖춰 나가는 면역 능력입니다. 척추동물에만 있는 특별한 면역 능력이고, 면역 세포

획득 면역

중에서도 림프구만이 이 능력을 가지고 있습니다. 내재 면역에 비해 반응 속도는 느리지만 아주 강력합니다.

획득 면역은 적인지 아군인지 구별하는 능력과 그것을 오랫동안 기억하는 능력이 발달되어 있어요. 처음 본 적을 만났을 때는 쉽게 작동하지 않지만 이전에 한 번 봤던 적을 만나면 아주 신속하게 반응해요. 사람으로 치자면 신중하고 계산이 정확하여 두 번 실수 하지 않는 캐릭터예요. 이런 캐릭터와 적으로 만나면 참 힘들겠죠?

획득 면역에는 두 종류가 있습니다. 첫 번째는 세포 면역으로, 주로 킬러 T세포가 담당합니다. 예전에 우리 몸에 들어왔던 바이러스나 세균에 대한 기억을 가지고 있는 킬러 T세포는 감염된 세포가 자살하도록 명령하여 제거합니다.

두 번째는 B세포가 중심이 되는 항체 면역(혹은 체액성 면역)입니다. 항체는 B세포 표면에 붙어 있다가 세균이나 바이러스 등 병원체에 자극을 받으면 표면에서 떨어져 나와 병원체를 둘러싸고 꼼짝 못 하게 만듭니다.

항체는 혈액과 림프액 속으로 주로 분비되기 때문에 혈액과 림프액 내 세균이나 바이러스를 잡는 데는 효과적이지만, 세포 속에서 번식하는 세균이나 바이러스는 항체 면역만으로는 부족합니다. 그래서 세포 면역과 항체 면역 둘 다 있어야 하는 것이지요.

내재 면역과 획득 면역은 따로따로 작용하는 것은 아니에요. 내재 면역과 획득 면역은 긴밀하게 협력하고 있습니다. 적이 처음 나타나면 반응 속도가 빠른 내재 면역이 먼저 공격을 하여 획득 면역이 신중하게 공격을 준비할 시간을 벌어 줍니다. 이때 내재 면역과 획득 면역을 연결해 주는 세포가 바로 수지상 세포입니다. 수지상 세포는 대식 세포의 일종으로 외부 침입자나 이상 세포를 감시하고 잡아먹습니다. 그런 후 잘 소화시킨 조각을 주조직 적합성 복합체에 올려놓으면 T세포가 이를 인식하고 그때부터 획득 면역이 시작됩니다.

먹고 먹히는 관계, 항체와 항원

제가 앞에서 설명하면서 항체와 항원, 그리고 주조직 적합성 복합체라는 용어들을 썼습니다. 항체와 항원은 들어 보셨죠? 주조직 적합성 복합체라는 말은 아마 생소할 것 같습니다. 조금 어렵게 느껴질 수도 있겠지만 면역을 이해하는 핵심 개념이므로 차근차근 짚어 보겠습니다.

항원이란 획득 면역을 작동시키는 물질을 통틀어서 말합니다. 바이러스나 세균, 곰팡이 같은 것들이죠. 이것들이 항체나 T세포의 수용체에 결합하면 우리 몸에 들어온 사실이 발각되고 앞에서 설명한 획득 면역이 시작됩니다.

항체는 이 각각의 항원들에 맞춤형으로 만들어진 감시 도구이자 공격 무기입니다. 평소에는 B세포의 표면에 붙어 있다가 항원이 들어오면 분비되어 항원과 결합합니다. 항체에는 Y자 모양의 벌어진 부분이 있는데 항원에 따라 모양이 변할 수 있고, 이 부분으로 항원의 정체가 무엇인지 알아내지요.

항체는 그 모양과 역할에 따라 여러 가지가 있습니다. IgA는 점막에서 주로 분비되어 외부에서 몸속으로 들어오는 여러 미생물이나 이물질들을 중화하는 역할을 합니다. 이런 항원들이 점막에 들러붙어 문제를 일으키지 않도록 미리 차단하는 것이죠. IgE는 피부나 점막에서 만들어지고 주로 알레르기 물질이나 기생충에 대한 즉각 반응을 일으킵니다. 주로 혈액과 림프액, 조직액에서 분비되는 IgM과 IgG는 바이러스나 세균에 대항하는 항체입니다.

항체는 우리 몸을 공격하는 바이러스나 세균에게 달라붙어 꼼짝 못 하게 하거나, 병원체에 양념을 쳐 대식 세포들이 잡아먹기 좋게 합니다. 또는 보체계를 활성화시켜 병원체에 구멍을 뚫어 버리기도 하지요.

그러나 항체가 세균, 바이러스, 곰팡이 그 자체를 인식하는 것은 아닙니다. 그러기에는 그것들이 너무 크지요. 항체는 세균이나 바이러스의 일부나 조각을 인식합니다. T세포도 마찬가지로 미생물 전체를 인식하는 것이 아니라 세균이나 바이러스에 감염된 세포의 표면, 혹은 수지상 세포와 같은 항원 제시 세포의 '전시대'에 올라온 작은 조각을 감지합니다. 이렇게 세포가 만들어 낸 단백질

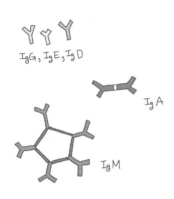

여러 가지 항체

바이러스나 세균에 달라붙어
꼼짝 못 하게 한다.

병원체에 양념을 쳐
대식 세포가 잡아먹도록 한다.

보체계를 활성화시켜
병원체에 구멍을 뚫게 한다.

항체의 종류와 역할

조각들을 세포 표면에 전시해 놓는 전시대를 '주조직 적합성 복합체MHC, Major Histocompatibility Complex'라고 합니다. 즉 어떤 조직이 적합한지 아닌지 알아볼 때 중요한 역할을 하는 복합체라는 의미지요. 장기 이식을 할 때 '서로 조직이 맞는다, 안 맞는다.' 하는 것이 바로 이 주조직 적합성 복합체가 맞고 안 맞고를 뜻하는 것입니다. 처음 이것이 발견된 것은 생쥐의 암세포 이식 연구에서였습니다. 주조직 적합성 복합체를 통해 '나'와 '내가 아닌 것'을 구별하게 되는 것이죠.

주조직 적합성 복합체는 두 종류가 있습니다. 주조직 적합성 복합체 I은 핵이 있는 세포라면 모두가 세포 표면에 내보내는 분자로, 쉽게 말하자면 세포 나라의 주민등록증과 비슷합니다. 이 주민등록증이 내 몸의 것이면 면역 세포의 공격을 피할 수 있지만, 그렇지 않다고 판단되면 면역 세포가 가차 없이 공격합니다. 바이러스나 세균에 감염된 세포나 암세포가 여기에 해당되지요.

주조직 적합성 복합체 II는 모든 세포에 다 있는 것은 아니고, 항원 제시 세포APC, Antigen Presenting Cell라고 불리는 몇몇 세포에만 있습니다. 수지상 세포가 그 예입니다. 수지상 세포가 먹은 바이러스나 세균 조각을 주조직 적합성 복합체 II에 올려놓으면 면역 세포가 인식하고 획득 면역이 시작되는 것이지요.

조금 복잡한가요? 우리 몸의 획득 면역 자체가 매우 복잡하고 다단한 과정과 상호 작용을 필요로 해서 그렇습니다. 그 덕분에 우리 몸이 촘촘하게 보호되는 것이지요. 내재 면역은 태어나면서부터 가지고 있는 능력이기 때문에 건강 상태를 잘 관리하면 기능을 유지할 수 있지만, 획득 면역은 다양한 적과 친구를 경험할수록 그 능력치가 올라갑니다. 마치 게임 캐릭터를 키울 때 여러 적들을 물리치면서 레벨이 올라가는 것과 비슷하지요. 아직은 어렵게 느껴지실 수 있지만 실제로 면역 프로세스가 어떻게 작동하는지를 보면 좀 더 이해가 될 것입니다.

엄마 배 속에서 일어나는 최초의 면역

사람의 면역 반응은 태아가 엄마의 배 속에 있을 때부터 만들어지기 시작합니다. 그런데 이런 생각 해 본 적 있으세요? 태아는 엄마와 같지 않습니다. 그런데도 엄마의 몸속에 존재하는 태아는 엄마의 면역 세포에 의해 공격받지 않습니다. 왜 그럴까요?

태아의 절반은 엄마의 유전자에서 유래했지만 나머지 절반은 아빠의 유전자에서 왔기 때문에 사실 엄마의 면역 세포에게 태아의 절반은 적이나 다름없습니다. 그러니까 공격을 할 수도 있는 것이죠. 실제로 엄마의 몸이 태아를 받아들이지 못하고 공격하여 반복적인 유산이나 임신 중독이 생기기도 합니다. 그렇지만 대부분의 경우, 엄마의 면역 세포는 태아를 공격하지 않습니다.

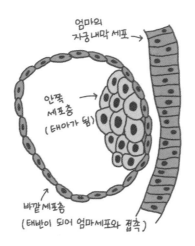

엄마의
자궁내막 세포 →

안쪽
세포층
(태아가 됨) →

바깥세포층
(태반이 되어 엄마세포와 접촉)

여러 연구에 따르면 태아가 엄마의 자궁에 착상되는 그 순간부터 엄마의 면역 작용이 시작되고, 태아가 엄마의 면역 작용으로부터 벗어나기 위해 여러 가지 메커니즘이 작동한다고 합니다. 이것의 비밀은 바로 태반*에 있다고 생각됩니다.

초기 배아는 두 그룹의 세포로 이루어져 있습니다. 안쪽에 있는 세포 그룹은 나중에 태아가 되는 부분이고, 바깥쪽에 있는 세포 그룹은 태반이 되는 부분이죠. 바깥쪽의 태반 세포들은 엄마의 조직

---

* 태반은 시기에 따라 적절한 면역 변화를 일으킵니다. 1분기(1~12주)는 염증기예요. 태아가 자궁 안으로 파고들어 오는 시기이고, 이때 염증 세포들이 엄마의 자궁을 복구하는 데 힘을 많이 쓰기 때문에 엄마는 몸이 으슬으슬하고 몸살이 나는 등 감기 초기 증상이나 구역감 같은 것을 느끼죠. 2분기(13~27주)는 비염증기이고 이때 산모의 컨디션이 가장 좋습니다. 태아도 안정적으로 자리를 잡아 쑥쑥 크지요. 3분기(28~40주)는 출산을 준비하기 위해 염증 세포가 다시 자궁으로 모이는 염증기입니다.

과 직접 닿아 상호 작용을 하고, 면역 반응도 생기게 되죠.

그렇다면 태반은 어떻게 태아가 엄마의 면역 반응을 피하게 해줄까요?

일단 태반은 물리적 장벽으로 작용하여 엄마의 면역 세포가 태아에게 넘어오거나 태아의 세포가 엄마에게로 넘어가는 것을 막아줍니다. 이런 장벽을 태반 혈액 장벽이라고 합니다. 태반 혈액 장벽 때문에 엄마의 혈액과 아기의 혈액이 섞이지 않고 필요한 물질만 오가는 것이죠. 엄마의 항체 중에서 급성기 공격 항체IgM 가 넘어오는 것은 막고, 면역 기억을 가진 보호 항체 IgG 는 태아에게 넘어오도록 합니다. 이 보호 항체들은 생후 6개월까지 아기의 몸속에 남아 아기를 보호해 주지요. 세균은 태반을 통과하지 못하지만 풍진 바이러스나 수두 바이러스와 같은 바이러스들은 통과할 수 있어요. 그래서 가능하면 임신 전에 이런 바이러스에 대한 항체를 가지고 있는지 검사합니다.

태반 세포는 세포 표면에 자신의 단백질 정보인 주조직 적합성 복합체 I을 내보내지 않아서 엄마의 면역 세포로부터 태아의 세포를 숨깁니다. 또한 태반 표면의 포스포콜린phosphocholine 이라는 분자는 엄마의 면역 체계를 속여 태반을 자신의 몸처럼 받아들이도록 합니다. 이 포스포콜린 분자는 기생충 세포 표면에도 있어 기생충이 우리 몸속 면역 체계를 피해 마음대로 돌아다닐 수 있게 해주죠.

대반은 태아에게 해가 될 수 있는 병원체가 자궁에 침입하면 엄마의 면역계에 이를 알립니다. 태반으로부터 정보를 받은 엄마의 면역 세포들은 침입에 대비하여 면역계를 활성화시킵니다. 태반과 엄마의 면역 세포들은 협력 관계를 이루고 있는 것이죠.

앞에서 태반이 태아 세포가 엄마의 혈액으로 넘어가는 것을 막는다고 했지만, 100% 막는 것은 아니에요. 최근 연구들을 보면 태아의 세포가 엄마의 혈액 속에 꽤 많이 돌아다니는 것으로 알려졌습니다. 게다가 태아 세포가 손상된 엄마의 조직들을 고쳐 주기도 한다는 것이 밝혀졌죠. 간염을 앓고 있던 한 여성은 출산 후 간염이 치료되었는데, 치료된 간에서 태아의 세포가 발견되었다고 합니다. 2012년에 발표된 연구 결과에서는 시신을 기증한 여성의 뇌를 부검해 보니 전체 59명 중 치매를 앓지 않은 26명은 치매를 앓았던 33명보다 태아에게서 온 세포가 더 많았다고 합니다.

이런 연구들을 보면 엄마의 면역 세포가 태아를 공격하는 것이 아니라, 엄마와 태아의 면역 체계가 성공적인 출산을 위해 태반을 통해 서로 협력하고 보호하는 것을 알 수 있습니다. 엄마는 태아를 공격하지 않으면서 감염으로부터 태아를 보호하고, 태아 또한 엄마의 조직들을 보호하고 치유해 주는 것이죠. 이렇게 보면, 엄마가 배 속의 아기에 대해 느끼는 일체감은 상상의 산물만은 아닌 것 같습니다.

쑥쑥 자라는 아이의 면역

엄마의 자궁 속에 있는 태아는 무균 상태예요. 태아일 때는 엄마의 면역계와 협력하여 잘 자라기만 하면 태반과 엄마의 면역력이 아이를 보호해 주지요. 하지만 태어나서부터는 스스로의 힘으로 자궁 밖 세상의 어마어마한 미생물들과 때로는 협력하고 때로는 싸우면서 자신을 지켜 나가야 합니다.

다행히도 아기들은 엄마 배 속에서 태반을 통해 엄마와 비슷한 수준의 보호 항체를 받아서 가지고 있어요. 그래서 생후 6개월*까지는 크게 아프지 않아요. 만약 백일 전에 아기가 열이 나면 꼭 진료를 받고 원인을 찾아야 합니다. 성인 수준의 항체 면역을 가지고 있는 아기가 열이 난다면 큰 병일 수 있기 때문이지요. 이 보호 항체는 반감기를 몇 번 지나면서 점점 감소하여 돌 무렵이 되면 거의 사라지게 되지요.

아이가 태어나면서 가장 먼저 만나는 것은 바로 엄마의 질 속에 있던 락토바실리lactobacilli를 포함한 체내 유익균들이에요. 이 체내 유익균들은 출산 순간 아이의 입속으로 들어가 신생아의 장에 자리를 잡고 다른 유해균으로부터 아이를 보호해 주지요. 최근 연구

---

* 이 6개월 동안 엄마의 항체가 떨어진 이후를 대비하기 위해 여러 예방 접종을 하게 됩니다. 우리나라에서는 이 시기에 BCG, B형 간염 백신, 폐렴구균 백신, b형 헤모필루스 인플루엔자 백신, DTaP, 폴리오 백신을 국가 접종으로 하고 있지요.

들을 보면 자연 분만을 한 아이와 제왕절개를 한 아이의 장내 세균 분포가 다르다고 해요. 제왕절개를 한 경우 엄마의 질을 통과하지 않아 장내 유익균이 제대로 형성되지 못하고 이 때문에 면역 성장에도 영향을 준다고 합니다. 학자들은 제왕절개로 인해 장내 유익균의 균형이 깨지는 것을 예방하기 위해 엄마의 유익균을 아이에게 옮겨 주는 방법을 연구하고 있어요.

모유 수유도 체내 유익균과 관련이 많아요. 출산 후 처음 며칠만 나오는 초유에는 올리고당이 포함되어 있는데 사실 올리고당은 아기가 직접 소화시킬 수 없는 성분이에요. 그 대신 올리고당은 아기에게 꼭 필요한 친구인 비피도박테리움bifidobacterium 의 먹이가 됩니다. 비피도박테리움은 대표적인 체내 유익균 종류로 비피도박테리움 인판티스infantis , 비피도박테리움 비피둠bifidum , 비피도박테리움 브레베breve 등이 있죠. 올리고당을 비롯한 모유 속 성분들이 비피도박테리움이 잘 자랄 수 있는 환경을 만들어 주는 것이죠. 비피도박테리움은 생애 초기에 장벽 세포들을 튼튼하게 만들어 다른 나쁜 세균들이 들러붙지 못하게 합니다. 항생제 관련 설사나 신생아의 괴사성 장염을 예방하고, 생애 초기의 면역 형성에도 관여하고 있다고 여겨져요. 분유 수유를 하는 아기들에게는 비피도박테리움 이외에 다른 종류의 세균들이 분포한다고 합니다. 초유 이후에도 모유 속에는 올리고당, 면역 글로불린, 락토페린lactoferrin 등 아이의 면역력을 도와주는 성분들이 풍부하게 들어 있습니다.

그러니 가능하면 모유 수유를 하는 것이 좋지요.

그런데 제가 이렇게 이야기를 하면 "저는 자연 분만을 못 했어요." "저는 모유 수유를 못 했어요." "그래서 아이의 면역력이 약한가 봐요."라며 아이에게 미안함을 느끼시는 분들이 있습니다. 그렇지 않습니다. 배 속 아이나 산모가 위험한 경우에는 당연히 제왕절개를 해야 합니다. 아이의 체내 유익균을 위해 위험을 감수하며 자연 분만을 고집해서는 안 됩니다. 엄마가 육체적으로 많이 힘들거나, 모유 수유가 원활하게 되지 않거나, 직장에 나가야 해서 분유 수유를 하는 경우도 마찬가지입니다. 최근에는 모유 성분이 포함된 분유도 나오고 있으니 그걸 먹여도 괜찮습니다. 이렇게 아이의 면역을 위해 공부를 하는 엄마의 존재 자체가 아이의 건강에 가장 큰 득입니다. 체내 유익균은 다양한 방법으로 보호하고 키울 수 있습니다.

아이를 보면 저절로 입을 맞추고 쓰다듬고 끌어안게 되지요? 이런 행동들을 통해 엄마 아빠로부터 아이에게 건강한 유익균들이 옮겨 갑니다.* 아이는 생후 3년까지 가족과 친구, 이웃, 음식물 등 다양한 주변 환경으로부터 미생물을 얻는 과정을 겪습니다. 이렇게 기본적인 체내 유익균 토대가 만들어지면, 이후에는 거의 변화

---

* 물론 입맞춤을 통해 아이에게 충치균이 옮아갈 수도 있습니다. 그러나 입맞춤은 아이의 정서와 건강을 위해 좋은 행동입니다. 충치는 올바른 칫솔질과 치실 사용, 치아에 좋은 음식 섭취를 통해 충분히 예방할 수 있습니다.

없이 유지되는 것으로 보입니다. 즉 생애 초기 3년이 체내 유익균이 자리 잡는 데 중요한 시기인 것이죠.

아이의 몸에 정착한 체내 유익균들은 어떤 것이 위험하고 위험하지 않은지를 교육하는 면역 시스템의 첫 번째 선생님이 됩니다. 음식물과 꽃가루, 집먼지진드기 등 알레르기를 일으키는 물질들에 대한 관용도 이 시기에 만들어지죠. 아기가 돌이 될 때까지 흉선은 체내 유익균과 소통하면서 T세포들을 교육합니다. 이때는 어른 시기에 비해 조절 T세포의 비율이 훨씬 높아서 T세포가 염증을 덜 일으키고 항원에 대해서도 관대합니다. 어떤 것이 적군인지 아군인지 구별하기가 아직은 쉽지 않기 때문이지요.

생후 1년간은 이유식 시기이기도 합니다. 이유식을 통해 다양한 음식물에 노출되면서 장 속 면역계가 음식물에 대해 과잉 반응하지 않도록 훈련하게 되지요. 음식물뿐만 아니라 입속으로 들어오는 수많은 미생물에 대해서도 대응 방법을 훈련하는 시기입니다. 특히 획득 면역 세포들이 본격적으로 훈련을 받습니다. 이때 중요한 역할을 하는 것이 IgA 항체예요. 이 IgA는 생후 1개월부터 거의 성인 수준으로 점액 속에 분비되어 미생물이나 독성 물질들을 중화하고 무력화합니다. 흔히 아기들이 무언가를 탐색할 때 입안에 넣어 보는 시기가 있지요. 입을 통해 들어간 여러 가지 항원들로 우리 몸의 면역 관용을 유도하기 위해 자연 선택된 행동이 아닐까 하는 생각도 해 봅니다.

반면 신기하게도 생후 1년간 피부를 통해서 들어오는 항원에 대해서는 알레르기 감작을 일으킵니다. 아토피 피부염이 있는 아이들은 피부 접촉에 의한 음식 알레르기도 많이 동반하는 것을 보면 알 수 있지요. 아토피 피부염이 있으면 피부 장벽이 파괴되어 외부 항원으로부터 우리 몸을 제대로 방어하기 힘들어집니다. 파괴된 피부 장벽을 통해서 몸 바깥의 항원들이 침입하고 이에 대해 대부분 알레르기 반응을 일으킵니다. 그러니 아토피 피부염이 있는 아이들은 보습을 잘해서 피부 장벽을 튼튼하게 해 줘야 하고, 특히 생후 1년간은 더더욱 신경 써야 합니다.

성인이 된 후의 면역

아이가 조금 더 커서 어린이집, 유치원, 학교에 다니기 시작하면 아이의 면역 세포들은 더 다양한 미생물들과 만나게 됩니다. 집에만 있을 때는 감기 한 번 안 걸리던 아이가 어린이집에 가서는 감기를 달고 산다고 하는 경우가 많지요. 실제로 접촉하는 사람의 수가 늘수록 접촉하는 미생물의 종류도 다양해집니다. 그래서 너무 잦은 세균성 감염으로 항생제를 달고 있는 아이들은 되도록이면 집에서 좀 더 돌봐 주시기를 부탁드리기도 해요. 하지만 대부분의 건강한 아이들은 이때의 면역 경험을 통해 성장하지요.

학교에 가기 전인 만 6세까지는 예방 접종 스케줄이 줄줄이 이어집니다. 그렇게 여러 미생물과 만난 경험과 예방 접종을 통해 아이의 면역 시스템은 다양한 면역 기억 세포를 만들어 냅니다. 이 면역 경험의 다양성이 나중에 큰 재산이 되는 것이죠.

T세포를 훈련시키는 흉선은 10세쯤에 최대로 커졌다가 그 뒤 급속히 작아집니다. 이때까지 대부분의 면역 경험들이 이루어지기 때문이죠. 바꿔 말하면 이 시기까지 충분한 면역 경험들이 이루어져야만 하는 것이죠. 그래야 청년기에 이르러 면역 기능이 충분히 완성됩니다.

건강한 젊은이들은 면역력이 높아 웬만한 감염에도 잘 견딥니다. 그런데 문제도 있어요. 간혹 면역 과잉 반응이 일어나거든요. 면역 과잉 반응이란 면역 반응을 일으키는 면역 세포와 면역 반응을 억제하는 면역 세포의 균형이 무너지면서 사이토카인이라는 염증 반응 물질이 폭발적으로 분비되어 급격하게 염증이 진행되는 상태를 말해요. 보통 바이러스가 몸에 들어오면 염증 반응이 일어나서 바이러스에 감염된 세포를 죽이는데, 이런 염증 반응은 바이러스가 제거되면 조절 T세포에 의해 적절하게 줄어들어야 하죠. 하지만 젊은 성인들에서 염증 반응이 너무 강해서 조절되지 않는 경우가 생깁니다. 아직 정확한 기전은 밝혀지지 않았지만 어린 시절에 경험하지 못한 바이러스나 세균에 대해 '벼룩 잡으려다 초가삼간 태우는 식'의 결과가 나타나는 것이 아닐까 생각합니다. 예

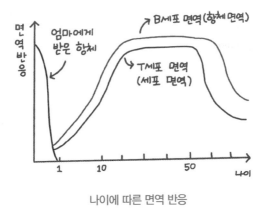

나이에 따른 면역 반응

를 들어 A형 간염의 경우 6세 미만 어린이에게서는 대부분 감기처럼 가볍게 앓고 지나가지만, 청년기에 감염되면 증상이 심하게 나타납니다. 과거 스페인독감이 창궐하던 시절에 엄청나게 많은 사람들이 죽었던 이유도 바이러스에 대한 면역 과잉 때문이라고 하죠. 2015년 메르스 사태 때에도 사이토카인 폭풍이라고도 불린 면역 과잉 반응 때문에 젊은 사람들의 피해가 컸습니다.

나이가 들면서는 흉선이 쪼그라들고 T세포의 기능과 수가 점점 떨어집니다. T세포 중에서도 특히 킬러 T세포와 조절 T세포의 수가 떨어지는데 이것은 50대부터 시작됩니다. 이때부터 바이러스 감염에 대한 저항성이 떨어지고 암세포가 생겨도 잘 제거되지 않는 것이죠. 항체 생성 기능도 떨어져 예방 접종을 해도 항체 생성률이 낮습니다.

	면역 성장	예방 접종
태아기	엄마의 면역력과 태반으로 보호받는 시기	
출생~ 6개월	엄마로부터 받은 보호 항체(IgG)로 기본 면역 유지 체내 유익균이 자리 잡기 시작 모유의 항체(IgA 등)가 보호 효과	엄마의 보호 항체가 줄어든 이후를 대비하기 위해 다양한 백신 접종(사 백신 위주) BCG, B형 간염 백신, DTaP, 폴리오 백신, 폐렴구균 백신, b형 헤모필루 스 인플루엔자 백신
6개월~ 만 1세	이유식을 통해 음식에 대한 면역 관 용 유도 체내 유익균과 흉선의 상호 작용으로 다양한 항원에 대한 면역 관용 유도 피부로 항원이 들어가면 알레르기 발 생 가능	집단 면역이 필요한 시기
만 1~3세	걷기 시작하며 활동 반경이 넓어지고 다양한 미생물과 접촉 체내 유익균이 완성되는 시기	생백신 접종 시작 MMR, 일본 뇌염 백신, 수두 백신, A 형 간염 백신
만 3세~ 청소년기	어린이집, 유치원, 학교로 이어지는 단체 생활의 시기 다양한 면역 경험을 통한 획득 면역 완성 시기	만 4~6세 사이 추가 접종 만 12~13세 사람 유두종 바이러스 백신 매년 인플루엔자 백신
성인기	충분한 면역 획득으로 웬만한 감염에 는 끄떡없는 시기 간혹 사이토카인 폭풍으로 과잉 면역 반응이 생길 수 있음	
50세 이후	면역 노화로 감염이나 암세포에 취 약(특히 T세포가 줄어듦) 항체 생성 능력도 떨어져 백신의 효 과도 떨어질 수 있음	집단 면역이 필요한 시기 인플루엔자 백신, 폐렴구균 백신 접 종 필요 필요 시 대상 포진 백신 접종

시기별 면역 성장과 이에 따른 예방 접종

사실 제가 아이의 면역 성장 과정을 자세히 공부하게 된 것은 큰아이가 아토피 피부염과 알레르기 비염, 천식을 줄줄이 진단받고 나서였습니다. 지금 돌아보면 아이의 유전적인 성향 이외에도 생애 초기 아토피 피부염이 발생했을 때 제대로 대처하지 못했던 것, 아토피 피부염을 핑계로 이유식을 다양하게 하지 못했던 것, 여러 가지 이유로 항생제를 반복해서 썼던 것이 이후 알레르기 질환 발생에 영향을 주지 않았을까 짐작해 봅니다.

2장

면역
프로세스

앞에서 내재 면역은 '건강한 몸' 자체라고 말씀드렸습니다. 내재 면역에 속하는 것은 피부와 점막, 체내 유익균, 내재 면역 세포 등이 있어요. 또한 획득 면역에는 획득 면역 세포인 림프구가 중요한 역할을 하는데, T세포가 주연인 세포 면역과 B세포가 주연인 항체 면역이 있다는 것은 이제 아시죠? 이번에는 이런 면역 작용이 우리 몸에서 어떤 방식으로 일어나는지 자세히 알아볼까 합니다.

면역계의 일차 방어막, 피부

우리 몸에서 가장 큰 장기가 무엇일까요? 간? 대장? 아닙니다.

바로 피부입니다. 피부는 체중의 12~15%를 차지하고 있어요. 그러니까 체중이 60kg 사람은 약 8kg이 피부입니다. 피부는 우리 몸과 외부가 만나는 가장 큰 접촉면이기도 합니다. 피부는 우리 몸을 해칠 수 있는 외부 미생물이나 독성 물질이 내부로 들어오지 못하도록 막는 일차 방어막이에요. 그뿐 아니라 자외선, 바람, 열기, 냉기 등 물리적·화학적 자극도 막아 주지요. 또한 체온을 유지하고, 땀 배출 등을 통해 물과 전해질의 균형을 맞추고, 비타민D를 합성하기도 합니다. 이런 것을 보면 피부 상태만 봐도 건강 상태를 알 수 있다는 옛말이 틀리진 않은 것 같아요.

그렇다면 피부는 면역 방어막으로서 어떻게 작동할까요?

일단 강력한 물리적 방어막이 있습니다. 피부는 상피층, 진피층, 피하 조직, 근육층의 총 4개의 층으로 이루어져 있어요. 상피층은 다시 5개의 층(각질층-투명층-과립층-유극층-기저층)으로 나뉩니다. 그러니까 세세하게 보면 총 8개의 층이 피부에 있지요.

게다가 피부 세포들끼리 아주 촘촘하고 탄탄하게 연결되어 있어 작은 물질이나 미생물들이 쉽게 들어오지 못하죠. 특히 가장 바깥쪽인 각질층에서는 물도 통과하지 못하는 강력한 막을 만들고, 끈끈한 피지와 땀을 분비하여 미생물이 달라붙거나 움직이지 못하게 합니다. 각질층에서 만드는 이 막의 주성분은 세라마이드ceramide 입니다. 그래서 아토피 피부염의 보습 크림을 고를 때는 세라마이드 성분이 포함된 것을 선택하면 도움이 됩니다.

또 피부에는 화학적 방어막도 있습니다. 피부의 각질 세포에서는 20가지 이상의 항생 물질을 생성합니다. 이것들은 우리 몸에서 뿜어내는 천연 항생제라고 할 수 있지요. 이 중 카테리시딘cathelicidin과 디펜신defensin이 가장 잘 알려져 있습니다. 아토피 피부염이 있는 아이들의 경우 이런 항생 물질이 잘 만들어지지 않아서 세균이나 바이러스가 침입했을 때 쉽게 감염되고, 물사마귀 같은 바이러스성 질환도 잘 생기지요.

피부에는 특별한 면역 세포들도 있습니다. 그중 피부 랑게르한스 세포는 몸 전체 피부에 그물처럼 촘촘하게 퍼져 침입자를 감시하고 있다가 피부의 각질 세포가 미생물의 침입을 받아 손상되면 획득 면역계의 작동을 시작하는 역할을 합니다.

요즘 화장품 광고에서 피부 장벽이라는 말을 많이 들어 보셨을 거예요. 이 피부 장벽은 이런 물리적, 화학적, 면역학적 방어막을 합쳐서 부르는 것입니다. 비유하자면 물리적 방어막은 튼튼한 성벽, 화학적 방어막은 독극물, 면역학적 방어막은 성벽을 지키는 감시병으로 볼 수 있습니다. 피부 장벽이 튼튼하지 않으면 아토피 피부염, 피부 알레르기, 감염이나 종양, 건선이나 자가 면역성 피부질환들이 발생하지요.

피부 장벽을 튼튼하게 하려면 보습을 잘 해야 합니다. 피부를 촉촉하게 유지하면 자극을 줄일 수 있어 가려움도 덜하고, 수분이 있어야 세포들끼리 정보를 주고받거나 세포 자체가 필요한 곳으로 이동하기가 더 쉽기 때문이에요.

예전에는 피부에 상처가 나면 상처의 진물을 빡빡 닦아 내고 공기에 노출시켜 말려야 한다고 생각했었는데, 많은 연구와 임상 경험의 결과, 습윤 드레싱으로 상처 부위를 촉촉하게 유지해야 더 빨리 낫는다고 합니다. 특히 아토피 피부염이 있는 아이들, 피부가 건조하고 가려운 분들은 평상시에도 크림이나 오일로 피부를 촉촉하게 유지해 주세요. 저도 아이들 셋 모두 아토피 피부염이 있어서 보습에 신경을 많이 쓰고 있습니다.

내부이자 외부인 곳, 점막

우리의 입속이나 콧속, 위나 소장, 대장, 목구멍이나 기관지는 몸의 '안'일까요, '밖'일까요? 우리가 음식을 먹고 소화가 잘 안 되면 "속이 안 좋다."라고 하는 것을 보면 몸속인 것 같기도 하고, 숨을 쉬고 음식을 먹고 싸고 하려면 외부와 연결되어 있어야 하니 밖이라고 볼 수도 있을 것 같아요.

이렇게 '밖'이면서 '안'인 신비로운 기관(소화기, 호흡기, 비뇨생식기)들은 점막으로 둘러싸여 있습니다. 점막은 점액질이 분비되는 막이라는 뜻이에요. 정상 상태의 점막은 만져 보면 촉촉하고 미끈거립니다. 이 점막도 피부와 마찬가지로 우리 몸의 일차 방어막입니다.

장 점막에는 점액을 분비하는 술잔 세포goblet cell 라는 것이 있어요. 이 술잔 세포에서는 끈끈하고 미끈거리는 점액을 계속 만들어 점막 세포의 표면을 뒤덮습니다. 미생물들은 이 점액에 잡혀 있다가 대변과 함께 밖으로 밀려 나갑니다.

또 점막 세포는 몸의 바깥 방향으로 무엇이든 밀어내는 섬모 운동을 해서 점액에 붙잡힌 미생물들을 내보냅니다. 점막 세포에서 분비되는 디펜신, 락토페린, 라이소자임lysozyme 등의 항생 물질들은 화학적인 방어막 역할을 하죠.

게다가 점막에는 말트MALT 라는 특별한 면역 방어막이 있는데, 이 말트에는 장 점막의 림프 조직인 갈트GALT , 편도나 아데노이드, 호흡기나 비뇨기계의 림프 조직들이 포함됩니다. 말트는 평소에 IgA 항체를 만들어 분비하는데, 외부에서 세균이나 바이러스가 들어오면 IgA 항체로 둘러싸서 힘을 쓰지 못하도록 하고 전체 면역 시스템에 이를 알리는 역할을 합니다. 그래서 IgA 분비에 문제가 있으면 점막에 감염 질환이 잘 생기죠. 예를 들면 축농증, 중이염, 기관지염, 폐렴이나 감염성 설사 같은 질병에 잘 걸립니다.

또 점막에서 분비되는 IgA는 염증성 항체인 IgM과 IgG의 활성을 방해하여 오히려 염증을 줄이는 항염증 작용을 하기도 합니다. 이 항염증 작용은 매일매일 우리 몸에 들어오는 여러 물질들이나 미생물들의 자극에 일일이 과민 반응하지 않도록 하는 것입니다.

왜 그러냐고요? 우리가 매일 먹는 음식과 우리의 몸에 사는 체내 유익균 등은 대부분 우리의 친구니까요.

또 다른 친구, 체내 유익균

사실 점막 방어막에는 또 하나의 중요한 도우미가 있습니다. 바로 세균들이에요.

우리 몸에 공생하는 세균의 수는 수십 조 마리에 달합니다. 우리 몸을 감싸는 피부며, 음식이 들어가서 소화되는 위, 소장, 대장, 콧속, 목구멍, 생식 기관 할 것 없이 외부와 접촉하는 모든 부위에는 세균이 자리를 잡고 있어요. 이렇게 우리 몸속에서 공생 중인 모든 세균들을 체내 유익균이라고 부릅니다. 우리 몸에 있는 이 체내 유익균을 모두 모으면 약 1.4kg으로 뇌의 무게와 거의 같고, 그 종류만도 약 1만 가지나 되지요.

엄마의 자궁 속에 있는 태아의 몸에는 단 한 개의 세균도 없습니다. 태어나면서 엄마의 질과 피부, 장내에 있던 체내 유익균들을 물려받는데 이 체내 유익균들은 생후 몇 시간 안에 아기의 온몸을 뒤덮습니다. 일종의 '면역 세례'가 일어나는 거죠.

체내 유익균은 우리 면역계에 중요한 역할을 하고 있습니다. 먼저 이 체내 유익균들은 자신의 자리를 지키기 위해 다른 침입자들을 물리칩니다. 태어나자마자 가장 먼저 자리를 잡기 때문에 이후에 들어오는 균들에게 텃세를 부리는 것이죠. 또 박테리오신bacteriocin 같은 항생 물질을 분비하여 외부 병원균을 억제하기도 하죠.

여성의 몸에서도 체내 유익균이 중요한 면역 작용을 합니다. 특히 락토바실리는 질의 산도를 낮게 유지하여 외부 침입자를 방어하지요. 간혹 질 내 유익균의 균형이 무너지면 질염이 생기기도 해요. 그래서 질 세정도 과하게 하면 안 좋답니다.

또한 앞에서 이야기했듯이, 체내 유익균은 생애 초기에 흉선과 협력하여 획득 면역 세포들을 교육하는 역할을 합니다. 생애 초기에는 T세포 중에서도 염증 반응을 억제하는 조절 T세포와 아직 면역 기억을 획득하지 않은 순수 T세포들이 많죠. 아직 정확한 기전은 알려지지 않았지만 체내 유익균은 이 조절 T세포와 순수 T세포, 기억 T세포와 상호 작용하며 면역 세포를 교육하는 것으로 보입니다.

체내 유익균들은 면역 작용만 하는 게 아니라 우리 몸을 위한 다양한 일을 합니다. 유당을 소화시키고 아미노산을 만들며 음식물의 섬유질도 분해합니다. 우리가 섭취한 음식물의 칼로리 중 15% 정도는 이 유익균들이 추출해 준 것이죠. 또한 비타민 K는 우리 몸의 세포가 만들지 못하고 체내 유익균들이 대신 만들어 준답니다.

체내 유익균은 생애 초기에 한 번 만들어지면 꾸준히 균형을 유지한다고 알려져 있지만, 특별한 경우에는 변화가 생기기도 합니다. 먹는 음식물의 종류가 바뀌는 경우, 호르몬의 변화가 생기는 경우, 특히 항생제를 오랫동안 반복적으로 사용한 경우에도 체내 유익균에 영향을 줍니다. 항생제와 체내 유익균의 변화에 대한 문제는 뒤에서 자세히 다루겠습니다.

믿음직한 일꾼, 면역 세포

이제 면역에서 가장 핵심적인 역할을 담당하는 면역 세포에 대해 이야기해 보려고 합니다. 면역 세포들은 흔히 우리가 백혈구라고 부르는 것들입니다. 혈액 속을 돌아다니면서 외부에서 들어온 '적'들을 감지하고 물리치는 역할을 하는 모든 면역 세포들을 통틀어 백혈구라고 하지요. 이 면역 세포들은 종류도 많고 역할도 복잡합니다. 각각 개별적으로 행동하는 게 아니라 힘을 합쳐 서로 돕기 때문이지요. 면역 세포들의 이런 복잡다단한 역할과 활동들 덕분에 우리 아이들이 감기나 수족구병에 걸려도 금방 나아 신나게 뛰어놀 수 있습니다. 약간 어렵기는 하지만, 면역의 핵심 일꾼들이니 꼭 기억해 주시면 좋겠습니다.

백혈구에는 호중구, 대식 세포, 수지상 세포, T세포와 B세포로 대표되는 림프구, 알레르기와 관련된 호산구, 호염구, 비만 세포 그리고 NK세포 등이 있습니다. 이 중에서 가장 중요한 면역 세포 몇 가지만 알아보겠습니다.

외부에서 병원체가 들어오면 먼저 내재 면역이 작동된다고 말씀드렸습니다. 그때 활동하는 것이 호중구와 대식 세포예요. 호중구는 평소에 핏속에 가장 많이 있어서 세균이 몸에 들어왔을 때 가장 빠르게 대처하는 세포입니다. 원래도 많지만 세균이 들어오면 아주 신속하게 수가 늘어나 세균들을 공격하고 잡아먹어요. 상처가 난 곳에서 고름이 나오면 '아, 나의 호중구가 세균과 싸우고 장렬히 전사했구나.' 하고 생각하면 됩니다. 대식 세포 또한 세균이나 병든 세포, 독성 물질들을 먹어 치우는데 호중구보다 약간 늦게 반응합니다.

수지상 세포는 대식 세포의 형제 세포입니다. 대식 세포와 마찬가지로 적을 먹어 치우고 소화시킨 조각을 가지고 림프절로 달려가 T세포에게 알리는 역할을 합니다. 앞서 내재 면역과 획득 면역을 연결하는 역할을 한다고 했던 것을 기억하시지요?

이렇게 수지상 세포가 외부의 적을 알려 오면 획득 면역 세포인 T세포와 B세포가 나설 차례입니다. T세포는 헬퍼 T세포, 킬러 T세포, 조절 T세포로 나뉩니다.

헬퍼 T세포는 수지상 세포의 연락을 받으면 획득 면역을 작동시키고 침입자를 물리치는 사령관 역할을 합니다. 헬퍼 T세포는 수지상 세포가 외부에서 들어온 병원체를 소화시켜 주조직 적합

NK세포는 세포계의
감찰관으로 감염된 세포나
암세포를 제거합니다.

호중구는 혈액 속에 가장 많이 있는 백혈구로
세균에 감염되었을 때 독성 과립을 내뿜어
세균을 죽이고 잡아먹습니다.

대식 세포는 호중구에 이어
세균이나 병든 세포를 잡아먹는
내재 면역 세포입니다.

수지상 세포는 대식 세포의 형제 세포로
병원체를 잡아먹고 소화시켜
획득 면역계에 전달하는 역할을 합니다.

내재 면역 세포의 종류와 역할

헬퍼 T세포는 획득 면역계의 사령관으로
수지상 세포에게 적이 침입했다는
정보를 전달 받아
어떤 획득 면역을 작동시킬지
결정합니다.

킬러 T세포는
세포 면역의 주역으로
직접 감염된 세포들을
찾아 죽입니다.

B세포는 항체 면역의 주역으로
특정 항체를 만들어 분비합니다.

조절 T세포는
면역 반응이 과하게 일어나지 않도록
킬러 T세포와 수지상 세포를
조절하는 세포입니다.

획득 면역 세포의 종류와 역할

성 복합체 II에 올려놓은 항원 정보를 파악하고 세포 면역을 작동시킬지, 항체 면역을 작동시킬지 결정합니다. 즉 우리 몸이 바이러스나 세포 내 세균에 감염되었을 때는 세포 면역을 담당하는 킬러 T세포를 활성화시키고, 세포 밖 세균이나 기생충에 감염되었을 때는 항체 면역을 담당하는 B세포를 활성화시키는 것이지요.

세포 면역을 담당하는 킬러 T세포는 세균이나 바이러스에 감염된 병든 세포를 찾아내 제거합니다. 조절 T세포는 모든 공격이 끝난 후 흥분한 면역 세포들을 조절하여 평상시로 돌아가도록 합니다. 전투가 끝났는데도 계속 면역 세포들이 활성화되어 있으면 면역 과잉 반응이나 자가 면역 질환이 생길 수도 있고, 염증 자체가 만성화될 수도 있기 때문에 조절 T세포의 역할은 면역 균형을 유지하는 데 매우 중요합니다.

T세포와 함께 획득 면역에서 중요한 역할을 하는 면역 세포가 항체 면역을 담당하는 B세포입니다. T세포와 B세포는 획득 면역의 양대 축이지요. B세포는 평소에 항체를 세포 표면에 붙이고 다니다가 항체와 들어맞는 병원체가 침입하면 헬퍼 T세포에 의해 활성화되어 항체를 분비합니다. B세포의 약 70%가 소화관 벽에 살고 있어요. 점막 면역을 위한 분비 IgA 항체도 B세포가 만들어야 하고, 소화관에 외부 침입자들이 많이 들어오기 때문이지요.

이런 면역 세포들이 자신들의 역할들을 조화롭게 잘 수행하면 면역력이 적절하게 유지됩니다. 면역 세포들의 숫자나 기능이 떨어지면 면역 저하 상태가 되고, 숫자가 과하게 늘어나거나 조절 T 세포가 제대로 기능을 못 하면 면역 과잉 상태가 되는 것이죠. 보통 면역력을 높이는 것이 좋다고 생각하지만 면역력은 조화롭게 균형을 유지하는 것이 가장 중요합니다.

면역 반응의 기본, 염증

우리의 면역 세포들이 일을 하면 '염증 반응'이 생깁니다. 염증이란 감염이나 세포 손상이 일어났을 때 주변 세포들을 지키기 위해 혈액 속의 세포나 물질들을 필요한 조직으로 불러 모으는 반응이에요. 보통 염증이라고 하면 좋지 않은 것, 위험한 것이라고 생각하기 쉽지만 사실 우리 몸을 지키는 기본적인 면역 반응입니다.

예를 들어 칼에 손가락이 베였을 때 손가락이 붓고 아프고 붉게 변하는 것도 염증 때문인데, 피부 방어막이 뚫리면서 침입한 세균들을 물리치고 다친 부분을 수리하기 위해 필요한 각종 세포들과 물질들, 수분이 모여들기 때문입니다. 그러니까 염증 반응이 없으면 침입한 세균을 물리치지도 못하고 다친 부분을 복구할 수도 없는 것이지요.

소염진통제와 같은 약물들은 열감, 붉어짐, 통증, 부종 등의 염증 반응을 일으키는 염증 물질들을 차단하여 염증을 감소시킵니다. 우리가 흔히 해열진통제로 쓰는 부루펜과 같은 엔세이드NSAIDs 는 염증 물질 중 프로스타글란딘prostaglandin 생성을 억제하여 해열 과 진통 효과를 내지요. 또한 콧물 약, 알레르기 약으로 쓰는 항히 스타민제는 염증 부위를 붉게 하고 붓게 하는 히스타민의 효과를 차단하여 혈관 확장이나 혈관 투과성을 억제시켜요.

이렇게 염증이 생기면 혈액 속에 있던 단백질이나 세포들이 수 분과 함께 혈관 밖의 조직으로 새어 나가는데 이것을 삼출액exudate 이라고 부릅니다. 우리가 흔히 '진물'이라고 부르는 것이죠. 다친 부분이 땡땡 붓는 것도 이 삼출액 때문이고, 감기에 걸렸을 때 콧 물이 흐르고 가래가 끓는 것도 이 삼출액 때문입니다.

이후에 염증 반응으로 삼출액 속의 백혈구와 미생물들이 서로 죽고 죽이다가 시체가 되어 같이 뒤섞이면서 누렇게 변하는데 이 것이 고름pus 이에요. 감기에 걸렸을 때 처음에 맑은 콧물이 흐르다 가 나중에 누런 콧물이 나오는 이유도 백혈구와 미생물 전사자들 때문이고 전쟁의 끝이 다가온다는 뜻이랍니다. 이렇게 누런 콧물 이 나오면 오히려 항생제를 써야 한다고 생각하기 쉬운데, 단순 감 기의 경우 콧물이 진해진다고 항생제를 쓸 필요는 없답니다.

보통 세균에 감염됐을 때 발생하는 급성 염증에서는 백혈구 중 호중구가 가장 큰 역할을 하고 이후에는 차차 대식 세포에게로 역 할이 넘어갑니다. 초기에 호중구가 큰 역할을 하는 이유는 혈액 속 에 원래 많기도 하고 반응이 빠르기 때문이에요. 염증의 원인에 따라 역할을 하는 백혈구 종류가 바뀌기도 하는데 세균성 질환에서는 호중구와 대식 세포가, 바이러스성 질환에서는 킬러 T세포가, 알레르기 반응에서는 호산구와 호염구가 주된 역할을 하죠.

이렇게 염증은 거의 모든 질환에서 일어나는 반응이고 면역 반응의 기본이에요. 특히 감염병으로 인한 증상들은 세균과 바이러스들의 공격과 이에 대한 우리 몸의 염증 반응이 복합되어 생기는 것입니다.

세균과 바이러스, 뭐가 달라요?

세균과 바이러스 중 일부는 우리 몸에 들어와 우리 몸의 세포들이 제대로 기능을 하지 못하도록 하거나 죽게 만듭니다. 자신들이 살아남아 번식을 하기 위해 우리 몸을 이용하는 것이죠. 이 과정에서 면역 세포들과 한바탕 전쟁이 일어나는데 이처럼 세균과 바이러스 등 미생물에 감염되어 일어나는 질병을 감염병이라고 합니다. 그런데 세균과 바이러스는 다릅니다. 우리 몸에 생긴 감염병이 세균에 의한 것인지 바이러스에 의한 것인지를 알아야 적합한 치료를 할 수 있습니다. 세균성 감염병에는 항생제가 필요하지만, 바이러스성 감염병에는 항생제가 소용없고 특별한 경우 항바이러스제를 써야 합니다.

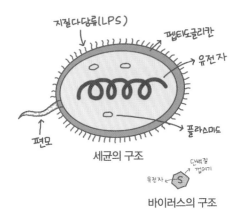

지질다당류(LPS)

펩티도글리칸

유전자

편모

플라스미드

세균의 구조

단백질 껍데기

유전자

바이러스의 구조

세균은 지구상 어디에나 존재합니다. 나와 아이의 몸에도 살고 있고, 눈앞에서 푸드덕 날아가는 비둘기도, 귀여운 고양이와 강아지도 세균과 같이 살고 있어요. 그뿐 아니라 공기, 물, 흙 속에도 온통 세균들이죠. 그런데 어떻게 우리가 항상 아프지 않고 잘 살고 있냐고요? 대부분의 세균은 우리에게 해가 되지 않거든요. 오히려 우리를 도와주는 세균도 많습니다. 자, 그렇다면 좀 더 친근한 눈으로 세균을 바라볼까요? 세균은 하나의 세포로 만들어진 단세포 생물이에요. 세포는 하나밖에 없지만 생물이 하는 모든 것을 합니다. 먹고, 싸고, 번식도 하지요. 진핵 세포인 사람 세포와 달리 원핵 세포인 세균은 핵막이 없이 유전 물질인 DNA가 풀어져 있고, 세포벽이라는 구조물을 가지고 있습니다. DNA 복제도 사람과 달리 설렁설렁 이루어져서 유전자 돌연변이도 잘 생깁니다.

그렇다면 바이러스는 어떨까요? 크기는 세균의 수백분의 1 정도로 매우 작습니다. 구조도 단순하여 유전자와 이를 둘러싼 단백질 껍데기가 전부예요. 바이러스는 정의에 따라 생물이기도 하고 무생물이기도 합니다. 분명히 DNA나 RNA를 가지고 있고 이것을 복제하여 후손을 만드는 면에서는 생물이라고 볼 수 있는데 먹지도 않고 싸지도 않지요. 혼자서는 번식도 못 하고, 꼭 다른 생명체의 살아 있는 세포를 이용해야 합니다. 그러니 무생물이라고 할 수도 있어요. 공기나 흙 등 어디에서나 살 수 있는 세균과 달리 바이러스는 살아 있는 생물체의 세포를 숙주로 해야 살아갈 수 있습니다.

세균과 바이러스가 이렇게 다른 만큼 그것에 대한 우리 몸의 면역 반응도 다르고 치료 방법도 달라집니다. 세균이나 바이러스가 피부와 점막, 체내 유익균의 방어를 뚫고 들어왔을 때 아이의 몸에서는 어떤 다른 면역 반응이 생길까요?

사실 좀 복잡하기도 하고 어렵게 느껴질 수도 있습니다. 하지만 아이가 아플 때 아이의 몸에서 일어나는 이 면역 프로세스를 잘 이해하고 나면, 부모로서 좀 더 의연하게 대처할 수 있습니다. 또한 바이러스성 질환에서는 왜 항생제를 쓸 필요가 없는지도 알 수 있죠.

바이러스성 질병에 걸렸을 때

최근 뉴스에서 메르스, 지카, 에볼라, 코로나19 같은 무서운 바이러스 얘기가 많이 나와서 그런지 바이러스 감염이라고 하면 오히려 세균 감염보다 더 걱정하는 분들이 있습니다. 하지만 대부분의 바이러스는 수만 년 전부터 우리와 같이 살아왔고 긴 세월을 통해 독성이 약해지고 순해진 상태입니다. 따라서 이러한 바이러스에 감염되더라도 면역 기능이 정상적으로 작동하면 잘 이겨 낼 수 있습니다. 바이러스가 들어오면 우리 아이의 몸에서는 어떤 일이 일어날까요?

가장 대표적인 바이러스성 질환이 바로 감기입니다. 감기 바이러스 중에 가장 흔한 리노바이러스rhinovirus에 감염되었을 때를 예로 들어 우리 몸의 반응을 살펴볼까 합니다.

자, 리노바이러스에 감염된 사람이 기침을 해서 바이러스가 아이의 목구멍 속으로 들어왔다고 생각해 봅시다. 목의 점막에서는 항체 IgA를 분비하여 리노바이러스를 중화하려고 노력하지만 몸에 처음 들어온 바이러스이기 때문에 이 바이러스를 알고 있는 면역 세포는 없지요.

당연히 획득 면역은 작동하지 않고 면역 기억 항체인 IgG 또한 분비되지 않습니다. 당당히 점막 면역을 피해서 코와 목의 점막 세포로 들어간 리노바이러스는 아이의 세포 속 재료들을 이용해 자신의 복제품들을 마구 생산합니다.

이때부터 우리 몸에서는 염증 반응과 내재 면역이 시작됩니다. 혈관이 늘어나서 면역 세포들과 수분이 코와 목구멍으로 모여들어 코와 목 점막이 부어오르고 콧물이 흐르기 시작합니다. 염증 반응 물질들에 의해 열이 나고 머리나 목이 아프기 시작합니다.

리노바이러스는 어느 정도 증식을 하고 나면 세포를 찢고 빠져나와 다른 세포로 옮겨 갑니다. 이때 항원 제시 세포인 수지상 세포가 바이러스와 그에 감염된 세포 조각들을 잡아먹고는 사령관인 T세포에게 침입을 알리기 위해 근처 림프절로 달려갑니다. 림프절에서는 림프구들이 모여들어 긴급회의가 며칠간 지속됩니다. 그래서 림프절도 부어오르고 아프죠.

감기 3일째에는 바이러스 분비나 염증 반응에 의한 증상이 최고조에 이르고, 4~5일째부터는 획득 면역이 작동하기 시작합니다. 리노바이러스에 대항하는 특별한 항체도 만들고, 킬러 T세포도 리노바이러스에 감염된 세포들을 제거하기 시작합니다. 획득 면역이 작동하고부터는 바이러스 증식과 배출도 확 줄어들고, 감기 증상도 좋아지기 시작합니다. 그리고 몸에 들어온 리노바이러스를 기억하는 T세포와 B세포가 생깁니다.

한 달 뒤 똑같은 바이러스가 몸에 들어오면 어떨까요? 아이의 몸에는 이미 면역 기억 세포들과 기억 항체 IgG가 있습니다. 그래서 증상을 일으킬 만큼 바이러스가 증식하기 전에 이 면역 기억 세포와 항체가 바이러스를 빠르게 제거합니다.

이렇게 몇 번을 반복하면 그때마다 면역 기억 세포의 수가 늘어나기 때문에 리노바이러스에 대한 획득 면역은 점점 더 강하고 빨라집니다. 처음에는 3일 동안 나던 열이 다음번에는 하루 만에 떨어지고, 나중에는 바이러스가 들어왔는지조차 느끼지 못하지요.

그런데 여기서 의문이 생깁니다. 왜 우리 아이는 감기를 그렇게 자주 앓았는데 계속해서 감기에 걸리는 걸까요?

사실 감기를 일으키는 바이러스는 리노바이러스뿐만이 아니라 코로나바이러스, 파라인플루엔자 바이러스, 아데노바이러스 등 종류가 정말 많습니다. 게다가 리노바이러스만 해도 그 종류가 100가지가 넘습니다. 그러니 우리 아이들이 어느 정도 획득 면역을 얻기 전까지는 이런저런 감기 바이러스들에 의해 감기를 달고 살게 되는 것이죠.

6세가 되기 전에 아이들은 1년에 평균 6~8번 정도 감기를 앓는다고 합니다. 그런데 초등학생이 되면 1년에 2~3번 정도밖에 걸리지 않죠. 증상도 훨씬 덜하고 빨리 낫습니다. 어른이 되어서는 웬만해선 감기에 잘 걸리지 않지요. 그러다 면역 노화가 시작되는 50세 이후부터 감기가 또 잦아집니다.

바이러스는 혼자서는 살 수 없고 꼭 다른 숙주를 필요로 하죠. 그래서 바이러스 입장에서는 새로운 사람으로 옮겨 가기 전까지 숙주가 죽으면 안 됩니다. 그래서 오랜 세월 사람에게 감염을 일으켜 온 보통의 바이러스들로 인해 사망할 가능성은 크지 않습니다. 감기 바이러스는 더욱 그렇고요. 그래서 감기처럼 흔하게 걸리는 바이러스성 감염병에는 항생제나 항바이러스제를 쓰기보다는 '보존적 치료'를 합니다. 보존적 치료란 아이를 최대한 편안하게 해 주어서 아이의 면역력이 바이러스를 이겨 내도록 도와준다는 뜻이죠. 열이 심하면 해열제를 쓰기도 하고, 미지근한 물수건으로 몸을 닦아 주고, 부드러운 음식을 먹이고, 탈수가 일어나지 않게 수분 섭취를 충분히 시키는 것들이 바로 보존적 치료예요.

바이러스성 감염병에 대해 이해하면 왜 감기에 걸렸을 때 항생제를 처방받을 필요가 없는지 알 수 있습니다. "불안하니까 그냥 항생제 처방해 주세요."라고 하지 않고, 의사가 "바이러스성 질환이니 항생제를 쓰지 말고 지켜봅시다."라고 말할 때 마음의 여유를 가지고 기다릴 수 있을 거예요.

메르스, 사스, 에볼라, 지카, 코로나19 바이러스 등 최근 큰 문제를 일으키는 바이러스들은 대부분 다른 동물로부터 사람으로 건너온 경우입니다. 대유행을 일으키는 인플루엔자 바이러스는 조류나 돼지에서 변이가 크게 일어나 사람에게 옮아오면 문제를 일으키지요. 2009년 우리나라를 휩쓸었던 신종 인플루엔자도 돼지에서 옮아온 것이었어요. 이런 무서운 바이러스들에 감염된 경우에는 항바이러스제도 사용하고 한층 적극적인 치료가 필요합니다.

파워당당 리노바이러스

① 아이의 몸에 처음 들어오는 리노바이러
스는 면역 세포들의 공격을 피해 당당하게
몸속으로 들어옵니다.

② 리노바이러스는 우리 몸 세포 속에서 자신의
유전자를 복제하고 단백질 껍질을 만들어 수많
은 리노바이러스들을 만들어 냅니다.

리노바이러스에 감염된 세포

③ 수지상 세포가 이 사태를 알아채고 획득
면역계에 알리러 근처 림프절로 이동합니다.

바이러스에 대항하는 면역 시스템 ①

④ 림프절에서 획득 면역계 세포들이 적에 대한 정보들을 취합하고 교류하며 증식하기 시작합니다. 이때 편도와 림프절이 부어오릅니다.

⑤ 킬러 T세포는 리노바이러스에 감염된 세포들을 찾아내 더 이상 바이러스를 복제하지 못하도록 제거합니다.

⑥ B세포는 리노바이러스를 무력화하는 특정 항체들을 만들어 몸속에 들어온 리노바이러스들을 처리합니다.

바이러스에 대항하는 면역 시스템 ②

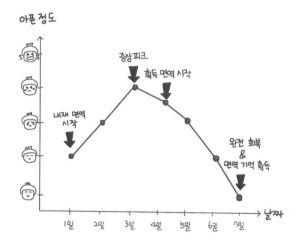

처음 리노바이러스에 감염되었을 때 우리 몸의 반응 그래프

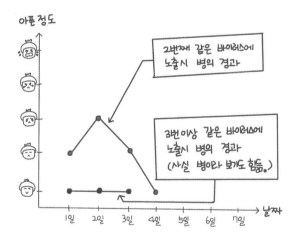

리노바이러스에 다시 감염되었을 때 우리 몸의 반응 그래프

세균성 질병에 걸렸을 때

세균과 인간의 면역 관계는 체내 유익균에서 보듯이 서로 돕기도 하고 공격도 하는 복잡한 관계입니다. 공생과 공격의 역사에서 세균과 인간은 서로의 면역력을 키워 주었습니다.

바이러스는 사람의 세포를 숙주로 삼기 때문에 세포 속으로 들어가야만 살아남을 수 있다는 것 아시죠? 세균의 경우에는 사람 세포 안에서 번식하는 균과 세포 밖에서 번식하는 균 둘 다 존재합니다. 세포 밖에서 사느냐, 세포 안에서 사느냐에 따라 우리 몸의 면역 반응도 달라집니다.

세포 안에서 번식하는 대표적인 세균이 결핵균이에요. 결핵균은 증식을 아주 느리게 합니다. 대장균의 경우 20분마다 번식을 하는 것에 비해 결핵균은 24시간 가까이 걸립니다. 그래서 결핵의 경우 보통 균이 들어와서 진짜 병을 일으키기까지 몇 년 혹은 몇십 년이 걸리기도 합니다. 증식이 너무나 느려서 어떤 경우에는 인간 세포 속에서 평생을 함께하기도 하지요. 그러다가 숙주인 인간의 면역력이 약해지면 바로 활동을 개시합니다. 이렇게 증식이 느리고 세포 속에 살다 보니 오히려 치료가 어렵기도 합니다.

세포 밖에서 증식하는 세균은 이야기가 또 달라집니다. 결핵균, 장티푸스균, 나병균 등 몇몇 세균을 제외한 대부분의 세균들이 여기에 속한다고 보시면 돼요.

대부분의 세균들은 우리 몸에 들어와도 일차적으로 피부와 점막 보호막에 가로막히고, 체내 유익균들 때문에 잘 들러붙지도 못하고, 내재 면역과 획득 면역에 걸려 조기 제압되기 때문에 병을 일으키는 경우는 드물어요. 그렇지 않다면 세균에 둘러싸여 사는 우리가 이렇게 멀쩡하게 살아 움직일 수가 없지요.

우리 몸에서 질병을 일으키는 세균들은 우리 주변에 있는 세균 중 극히 일부인데 포도상구균, 폐렴구균, 연쇄구균, 대장균, 녹농균, 헤모필루스Hib균, 백일해균 등이 있어요. 왠지 다 익숙하죠? 이 균들이 우리 아이들을 자주 괴롭히는 균들이에요. 폐렴, 중이염, 뇌수막염, 장염, 요로 감염 등을 일으키거든요. 그래서 폐렴구균, 헤모필루스 균, 백일해균은 예방 접종도 어릴 때 하지요. 세포 속 세균과 달리 세포 밖에서 자기들 나름의 생애주기대로 증식을 하기 때문에 염증 반응도 급성으로 일어납니다.

그럼 이제 아이가 폐렴구균에 감염되었을 때 어떤 일이 생기는지 한번 살펴보겠습니다. 폐렴구균은 우리 아이들에게 중이염, 뇌수막염, 폐렴을 일으킵니다. 폐렴구균은 사실 50% 이상의 아이들의 몸에 이미 자리를 잡고 살고 있습니다. 평소에는 문제를 일으키지 않고 얌전히 콧속이나 목구멍 속에서 숨죽이고 있지요. 이것을 좀 어려운 말로 군체 형성colonization이라고 합니다.

물론 다른 사람에서 옮아오기도 합니다. 점막 상태가 건강하지 못하거나 바이러스 감기를 심하게 앓아서 면역 세포들의 힘이 떨어지는 등 내재 면역이 약해지면 얌전하던 폐렴구균이 몸속으로 파고 들어옵니다. 아니, 바깥에 얌전히 있지, 왜 몸속으로 들어오냐고요? 몸속이 따뜻하고 영양분도 많아서 세균들이 번식하기 더 좋은 환경이기 때문이지요.

폐렴구균이 폐 속으로 들어가면, 번식을 시작하여 증상이 시작되기까지 하루 이틀 정도 걸립니다. 폐렴구균이 혈액 속으로 들어오면 내재 면역이 작동합니다. 호중구가 폐렴구균에 맞서고 이어 대식 세포들도 전투에 참여합니다. 염증이 진행되면서 혈관이 확장되고 백혈구들이 폐로 몰려와 진물이 차며 폐가 부어오릅니다. 아이는 갑자기 열이 오르고 기침을 하고 숨이 가빠집니다. 세균 감염은 바이러스 감염에 비해 증상이 급격하게 진행됩니다. 전사한 면역 세포들과 세균들의 시체가 폐에 쌓이면서 가래가 만들어집니다. 가래를 밖으로 배출하기 위해서 기침이 더 심해집니다. 원래 폐에는 공기가 가득 차 있어 엑스레이 사진을 찍으면 검게 보여야 하는데 진물과 가래가 차기 시작하면 폐렴 부위가 엑스레이 사진에서도 하얗게 보입니다.

한편 놀란 수지상 세포는 림프절로 달려가 침입자의 정보를 T세포에 알립니다. 우리의 믿음직한 획득 면역 세포들이 드디어 활동을 시작하는 것이죠. 세포 밖 세균인 폐렴구균을 잡기 위해서는 세포 면역보다 항체 면역이 유리합니다. 헬퍼 T세포는 B세포에게 폐렴구균 전용 항체를 만들도록 지시하고 항체의 작용에 힘입어

① 호중구와 대식 세포 등 내재 면역 세포들이 몸에 처음 들어온 세균을 공격하기 시작합니다.

② 내재 면역 세포와 세균의 한바탕 전투로 염증 반응이 급격히 일어나고 수지상 세포가 황급히 림프절로 이동하여 획득 면역계에 보고합니다.

세균에 대항하는 면역 시스템 ①

③ 획득 면역계 세포들이 정보를 취합하고 교류하며 증식합니다. 세균 침입 시에는 세포 면역보다 항체 면역이 유리하게 작용합니다.

④ B세포는 세균에 맞는 항체를 분비하여 세균을 꼼짝 못하게 하고, 대식 세포가 잡아먹기 좋도록 만듭니다.

세균에 대항하는 면역 시스템 ②

대식 세포들도 열심히 세균을 잡아먹습니다.

획득 면역 기능이 정상적으로 작동하면 아이는 2주 정도 폐렴을 앓고 회복합니다. 폐렴구균이 지나간 아이의 몸에는 폐렴구균에 대항하는 면역 기억이 생깁니다. 한 번 면역 기억이 생기면 다음번에 감염됐을 때에는 항체가 초기에 세균들을 제압해 버릴 수 있죠.

그런데 아이가 폐렴에 걸렸을 때는 폐렴을 고스란히 이겨 낼 때까지 보존적 치료를 하며 마냥 기다릴 수는 없습니다. 폐렴구균 폐렴은 증상도 심하지만, 흉막 삼출, 농흉, 폐농양, 기흉과 같은 합병증도 생길 수 있어요. 그러니 적절한 타이밍에 항생제를 써야 합니다. 적절한 항생제를 쓰면 2~3일 안에 열이 내리고 아이의 상태가 좋아집니다. 폐렴구균 폐렴에는 페니실린 계열의 항생제나 세팔

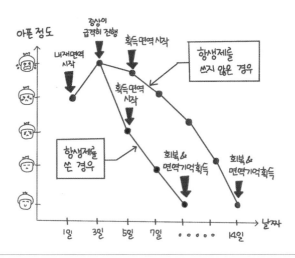

폐렴구균에 감염되었을 때 우리 몸의 반응 그래프

로스포린계 항생제를 씁니다. 두 가지 항생제 모두 세균이 세포벽을 합성하는 것을 방해하여 효과를 냅니다.

문제는 항생제를 반복해서 쓰면 내성균이 생기기 마련이라는 것입니다. 이미 폐렴구균의 항생제 내성률은 꽤 높은 상태입니다.

그래도 너무 걱정하지 마세요. 폐렴구균의 경우 훌륭한 예방법이 있습니다. 바로 면역 시뮬레이션인 예방 접종입니다. 우리 아이들이 생후 2개월째부터 맞기 시작하는 폐렴구균 예방 접종은 그 효과가 탁월합니다. 이 예방 접종이 도입된 후 해당 폐렴구균에 의한 폐렴이 90% 이상 감소했을 뿐 아니라, 폐렴구균의 항생제 내성률도 줄어들고 있습니다.

요즘 세상에 기생충이라니?

바이러스와 세균 외에 우리 몸에 들어와 번식하고 우리를 아프게 하는 것이 또 있습니다. 바로 기생충입니다. 기생충은 단세포생물인 세균과 달리 다세포 생물입니다. 태반이 엄마의 면역계를 피하듯이 기생충도 포스포콜린 분자를 이용해 우리 몸속에서 면역 시스템을 피하며 알을 낳아서 번식합니다. 이름에서도 알 수 있듯이, '기생'을 해야 살 수 있습니다.

지금도 전 세계 20억 이상의 사람들이 기생충 감염에 시달리고 있어요. 대부분의 감염자들은 경제가 발전하지 않아 의료 및 보건이 취약한 나라에 살고 있어요. 기생충 감염자 일부는 생명을 잃기도 합니다.

우리나라는 1970년 이전까지 기생충 감염률이 82.8% 정도로 높았습니다. 제가 어릴 때만 해도 학교에 채변 봉투를 제출하고 봄가을마다 기생충 약을 챙겨 먹었죠. 하지만 2013년 발표된 우리나라의 기생충 감염률은 2.6%로 급격히 줄어든 상태입니다. 현재 우리나라에서 주의가 필요한 기생충으로는 간흡충, 폐흡충, 요충, 고래회충 등이 있습니다.

기생충은 생애주기에 따라 이 생물에서 저 생물로 옮겨 다니는 경우가 많아요. 우리나라 기생충 중에서 가장 흔한 간흡충은 민물생선을 매개로 감염되는데, 돌고기나 모래무지, 갈겨니 등의 민물고기에서 피낭 유충으로 있다가 사람의 몸에 들어오면 간 내 담도로 이동하여 담석, 담낭염, 담도암 등을 일으킬 수 있어요.

아이들에게는 요충이 가장 문제가 됩니다. 요충은 주로 항문 주변에 알을 낳기 때문에 항문 가려움이 생길 수 있어요. 아이들이 똥꼬가 가렵다고 할 때, 요충 감염을 의심해 봐야 합니다. 요충은 사람과 사람의 접촉으로 옮을 수 있어서 집단생활을 하는 경우, 특히 어린이집이나 유치원에서 옮을 수 있고, 가족 간에도 전파가 되기 때문에 요충이 있다고 진단받은 경우 꼭 치료를 해야 합니다. 요충 치료는 메벤다졸이나 알벤다졸을 복용하는데 가족 모두 동시에 치료하는 것이 좋고, 한 번 먹은 후 재발 방지를 위해 2주 뒤 한 번 더 복용합니다.

기생충에 대한 우리 몸의 면역 반응은 기생충의 생애주기에 따라 그리고 기생충이 몸의 어느 부위에 기생하느냐에 따라서 달라집니다. 대부분의 기생충들이 몇 년 동안 사람 몸속에서 살면서 만성 염증을 일으키는데, 세균이나 바이러스와 달리 덩치가 무척 크기 때문에 호중구나 대식 세포들이 잡아먹을 수는 없습니다. 그래서 보통은 알레르기가 발생할 때와 유사하게 호산구나 호염구, IgA, IgE를 이용한 즉각 반응을 이용합니다. 이 즉각 반응은 점막에서 분비물을 증가시키고 가렵게 만들어서 기생충을 손으로 긁어내 제거하게 만듭니다. 이것은 일반적인 염증 반응과는 상반되는 반응이에요. 기생충 감염 시에는 세균이나 바이러스에 대처할 때 쓰는 기존의 염증 반응이 효과가 크게 없기 때문이죠.

최근 들어 기생충 감염과 알레르기의 관계가 주목을 받기 시작했습니다. 기생충 감염률이 높은 지역에서는 알레르기 반응 정도가 낮게 나온다는 연구도 있어요. 동물 실험에 의하면 기생충에 감염시켰을 때 아토피 피부염이나 천식이 덜 생기기도 했어요. 아직은 연구 중이지만 이런 결과가 나온 이유는 기생충에 대한 면역 반응이 알레르기 면역 반응과 유사하기 때문으로 보입니다. 그래서 기생충을 이용해 심한 천식이나 알레르기, 자가 면역 질환들을 치료하려는 시도들도 이루어지고 있습니다.

3장

좋은 면역력의 조건, 균형과 정확성

흔히들 면역력이 약하다, 면역력이 떨어졌다 같은 말을 많이 합니다. 그리고 면역력이 강하면 좋고, 약하면 끌어올려야만 하는 걸로 여기지요. 하지만 면역력은 강해서도 약해서도 안 됩니다. 앞에서도 면역은 균형을 잘 이루어야 한다고 말씀드렸어요.

그리고 면역 반응은 정확하게 이루어져야 합니다. 면역이 작동할 때 엉뚱한 것을 공격하면 곤란한 상황이 벌어지고 맙니다. 기생충이 아닌 음식물을 공격하면 음식 알레르기가 생기고, 세균이나 바이러스가 아닌 자기 몸의 세포를 공격하면 자가 면역 질환이 생기게 되죠.

알레르기 행진

화창한 봄날, 화사한 봄꽃이 피고 산들산들 기분 좋은 바람이 붑니다. 겨우내 움츠렸던 아이들은 신나게 밖에서 뛰어놉니다. 그러고는 연거푸 재채기를 하고 콧물을 줄줄 흘리며 병원으로 옵니다. 알레르기 비염의 계절이 돌아온 것이죠. 아이들뿐만이 아닙니다. 어른들도 코가 간질간질해지는 느낌으로 봄이 찾아왔다는 것을 알게 되고, 이번에는 또 얼마나 고생을 할까 걱정을 합니다. 도대체 우리 몸은 왜 알레르기를 일으키는 걸까요? 알레르기 비염을 일으키는 면역 기전을 한번 살펴보겠습니다.

꽃가루가 코나 목의 점막에 닿으면 꽃가루 내부의 단백질이 새어 나옵니다. 점막의 대식 세포는 이 단백질을 잡아먹고 소화하여 주조직 복합체 II에 올려놓습니다.

그러면 헬퍼 T세포와 조절 T세포가 이 꽃가루 단백질을 인식합니다. 꽃가루 같은 알레르기 물질들은 세포 밖 병원체에 해당하여 헬퍼 T세포는 B세포가 항체를 만들도록 합니다. 하지만 조절 T세포는 헬퍼 T세포가 별것 아닌 꽃가루에 대해서 항체를 만드는 것을 억제합니다. 이때 조절 T세포에 의한 억제가 제대로 되지 않고, 알레르기를 일으키는 IgE 항체가 만들어지면 아이에게 꽃가루 알레르기가 생기는 것이죠.

IgE는 체내 곳곳에 있는 비만 세포와 혈액 속의 호염구 표면에

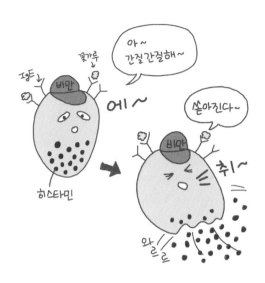

강력히 결합하여 알레르기를 일으킬 준비를 합니다. 이렇게 준비를 하고 있는 상태를 감작되었다고 하지요. 이렇게 감작된 상태에서 다시 한번 같은 알레르기 유발 물질에 노출되면 비만 세포와 호염구가 염증 반응 물질들을 급격하게 분비합니다. 히스타민은 혈관을 급격히 확장시켜 혈액이 조직으로 새어 나오게 해서 붓게 만들어요. 그래서 눈물, 콧물이 줄줄 흐르고 두드러기나 혈관 부종이 생기지요. 류코트리엔이나 프로스타글란딘은 기관지 근육을 급격히 수축시켜 호흡 곤란과 기침을 유발합니다.

원래 IgE의 역할은 기생충에 대항하여 급격한 반응을 일으키는 것인데, 꽃가루와 같은 엉뚱한 대상에 반응하는 IgE가 만들어지면 알레르기가 발생합니다. IgE는 혈청 안에 가장 많은 보호 항체인

IgG의 1만 분의 1정도밖에 되지 않지만 그 반응은 격렬해서 때로는 죽음에 이르기까지 합니다.

그런데 같은 꽃가루를 들이마셔도 왜 어떤 사람은 알레르기가 생기고 어떤 사람은 괜찮은 걸까요? 일단은 유전적으로 다르기 때문입니다. 특정 유전자가 밝혀지진 않았지만 가까운 가족끼리는 알레르기도 비슷하게 나타납니다. 이렇게 유전적으로 알레르기 유발을 잘하는, 즉 IgE 항체를 잘 만드는 사람을 아토피 체질이라고 합니다. 아마 아토피 체질인 사람들은 기생충이 많은 시절에는 생존에 유리했을 거예요.

아토피 체질인 사람에게는 알레르기 질환들이 하나의 연결된 시리즈로 나타나기도 합니다. 보통은 아토피 피부염→음식 알레르기→알레르기 비염→천식의 순서로 발생하는데 이를 두고 '알레르기 행진allergic march' 혹은 '아토피 행진atopic march'이라고 부르기도 합니다.

물론 꼭 이 순서대로 진행하는 것만은 아니고 단계를 건너뛰기도 하지만, 알레르기 질환들이 개별적인 것이 아니라 서로 관련성을 가진다는 것을 알 수 있죠. 연구에 따르면 아토피 피부염이 있는 아이들 중 80%가 알레르기 비염이나 천식으로 진행된다고 합니다. 물론 아토피 체질이라고 해서 모두 알레르기 질환이 생기는 것은 아니에요. 아토피 유전자와 다양한 다른 요인들이 만나 알레르기 질환이 발생하는 것이죠.

아토피 피부염

음식 알레르기

알레르기 비염

천식

알레르기 행진

하지만 최근 다양한 알레르기 질환을 가진 아이들이 늘어나고 있는 것은 확실해 보입니다. 우리나라 통계를 보면 소아 천식 유병률은 1983년 5.7%, 1990년 10.1%에서 2000년에는 13%, 2010년에는 18.7%까지 증가했습니다. 소아 아토피 피부염의 경우도 1995년 15.3%, 2000년 17.0%, 2007년 20.6%로 보고되고 있어요. 이렇게 최근 알레르기 질환이 증가한 원인으로는 체내외 환경 변화, 대기 오염, 영양 과다, 스트레스 등을 꼽을 수 있습니다.

그중에 환경 변화와 관련된 재미있는 가설을 하나 소개해 드릴까 합니다. 바로 '위생 가설'이라는 것인데요, 쉽게 말하자면 환경 위생이 개선되면서 아이들의 코와 목의 체내균이 변화한 것이 알레르기의 원인이라는 가설이죠.

제가 어렸을 때만 해도 초등학교 입학식 때 가슴에 손수건을 매달고 가는 것이 당연할 정도로 콧물을 줄줄 흘리며 지냈던 기억이 있습니다. 그렇게 콧물을 흘리게 만드는 균은 여러 종류인데 점막에 분포하면서 면역계를 강하게 자극하지요. 이 세균들의 대부분은 보호 항체인 IgG를 유발하지만 알레르기를 일으키는 IgE를 유발하지는 않습니다. 위생 가설에 의하면 옛날 코흘리개 어린이들의 면역계는 각종 세균에 대항해서 바쁘게 IgG를 만들어야 했기 때문에 꽃가루 따위에 일일이 반응하며 IgE를 만들 겨를이 없었던 반면, 최근에는 위생 상태가 개선되고 항생 물질과 항생제의 사용이 늘면서 면역계가 할 일을 잃고 IgE를 만들어 알레르기가 늘어나는 것이 아닐까 하는 것이죠.

알레르기 행진의 첫 시작, 아토피 피부염

아토피 피부염은 심한 가려움과 만성 재발성 피부 염증을 특징으로 하는 알레르기 질환입니다. 최근 30년간 전 세계적으로 2~3배 정도 증가했다고 합니다. 알레르기 행진의 가장 첫 단계이고 보통 태어나서 3개월 이내에 나타납니다. 흔히 신생아 태열이라고 부르는 피부 병변은 알고 보면 아토피 피부염인 경우가 많습니다. 피부과학 교과서에는 유아 아토피 피부염과 태열이 동일한 개념으로 나와 있습니다.

아토피 피부염의 알레르기 유발 물질이 밝혀진 경우는 드뭅니다. 흔히 특정 음식물 때문에 아토피 피부염이 생기거나 심해지는 것이 아닌가 생각하는데, 음식 자체가 아토피 피부염을 발생시키는 것은 아닙니다.

오히려 아토피 피부염 때문에 음식 알레르기가 발생할 수는 있어요. 약해진 피부를 통해 음식물 항원이 들어오면 장 점막으로 음식물이 들어올 때와 달리 염증 작용이 발생하고 알레르기 감작이 되기 때문이에요. 그러니 아토피 피부염이 있다고 해서 꼭 음식 제한을 할 필요는 없습니다. 그냥 몸에 건강한 음식이 아토피 피부염

이 있는 아이에게도 건강한 음식이라고 보면 됩니다. 하지만 음식 알레르기가 확인된 경우라면 이야기가 달라집니다. 음식 알레르기가 있으면 아토피 피부염도 심해집니다.

아토피 피부염이 있는 아이들은 보습에 신경을 많이 써 주어야 합니다. 이미 말씀드렸듯이 아토피 피부염이 있으면 피부 장벽이 매우 약합니다. 외부에서 세균이나 바이러스, 알레르기 물질들이 들어오기 쉬운 상태지요. 보습을 잘 해 주면 피부 장벽을 보강할 수 있고, 염증 치료에도 도움이 됩니다. 가능하면 세라마이드 성분이 포함된 보습제를 쓰고, 겨울에는 수분이 많은 로션보다 오일이나 진득한 크림을 사용하는 것이 좋습니다.

최근 연구에서는 알레르기 가족력이 있는 아이의 경우 출생 후 적극적으로 보습제를 바르면 1년 후 아토피 피부염이 줄어드는 예방 효과를 확인했어요. 아토피 피부염이 알레르기 행진의 시작이기 때문에 첫 단계에서 노력을 하면 이후의 알레르기 행진을 줄이는 데도 도움이 됩니다.

아토피 피부염 치료의 핵심은 세 가지입니다. 이미 말씀드린 피부 장벽 보강을 위한 보습이 첫 번째이고, 피부 손상을 일으키는 요인들을 찾아 제거하는 것이 두 번째이고, 이미 손상된 피부를 조기에 적극적으로 관리해 주는 것이 세 번째입니다. 이 세 번째에서 기본이 되는 것이 바로 스테로이드제입니다. 아토피 피부염에 스테로이드제를 쓰자고 하면 거부감을 보이는 분들이 많습니다. 스테로이드에 대한 불안 때문에 피부 염증이 심한데도 보습제만 쓰거나 아예 치료를 안 하는 분들이 있어요. 1장에서 이야기한 사례처럼 각종 건강 보조 식품을 먹이고 직접 만든 보습제를 발라 주지만 스테로이드제만은 강력히 거부하기도 합니다. 이런 경우 만성 염증으로 인한 피부 손상이 지속되어 오히려 다른 알레르기 질환의 원인이 될 수 있습니다. 보통 첫 일주일 동안 피부 염증을 호전시킬 수 있을 정도로 강한 약을 하루 1~2회 사용하고, 상태가 좋아지면 횟수나 강도를 낮추면서 조절합니다. 물론 지속적으로 사용할 경우에는 부작용도 있습니다. 하지만 의사와 상의하에 필요한 기간에는 충분한 용량을 사용해야 합니다. 꾸준한 보습과 적절한 치료로 아이의 피부 장벽을 지켜 주세요.

친구를 적으로 인식하는 음식 알레르기

음식 알레르기는 다양한 음식에 대해 다양한 증상으로 나타납니다. 알레르기를 흔히 일으키는 음식물로는 생우유, 달걀, 땅콩이나 견과류, 밀 등이 있습니다. 음식 알레르기의 증상은 가벼운 가려움증부터 시작해서 두드러기, 점막 부종, 복통이나 구토, 설사로도 나타나고 심한 경우 아나필락시스 반응으로 사망에 이를 수도 있어요. 이유식을 진행하는 생후 1년간이 음식 알레르기 발생에 중요한 기간인데, 이때 아이에게 음식 알레르기가 생길 확률이 약 10%까지도 된다고 해요. 그런데 이후 나이가 들수록 음식 알레르기 유병률은 3% 정도로 낮아집니다.

이유식의 목적이 무엇이라고 생각하시나요? 이렇게 물어보면 나오는 몇 가지 답이 있습니다. 첫 번째는 아이가 젖을 떼기 위해 소화시키기 좋은 음식부터 단계적으로 주는 행위라는 답, 두 번째는 다양한 음식을 골고루 먹여서 편식을 예방하기 위해서라는 답, 세 번째는 음식 알레르기가 있는지를 알아보기 위해서라는 답입니다. 모두 맞는 이야기입니다. 아이들의 발달 단계에 따라 필요한 영양 성분도 많아지고 삼키는 능력도 달라지니 유동식에서 서서히 고형식으로 진행해야 하고, 골고루 먹여 편식도 예방하고 음식 알레르기가 있는지 여부도 확인해야 하죠.

그런데 한 가지 중요한 이유가 더 있습니다. 이유식은 바로 면역

등록의 과정이라는 것이죠. 친구와 적을 대충 구분하게 되는 시기가 대략 돌 정도인데요, 그전까지는 몸속에 들어오는 대부분의 것들을 친구로 등록합니다. 음식을 포함하여 체내 유익균들도 여기에 포함되지요. 그래서 생후 1년간의 이유식 시기에 풍부하고 다양한 음식을 경험할수록 나중에 음식 알레르기가 발생할 위험이 줄어든다는 것이죠.

　음식 알레르기와 이유식에 대한 유명한 연구가 있어요. 영국에서 태어난 유태인들은 땅콩 알레르기가 많이 생기는 반면 이상하게 이스라엘에서 태어난 유태인들은 땅콩 알레르기가 별로 안 생기는 현상을 보고 의문을 품은 연구자들이 원인을 살펴본 것이죠.

　이스라엘 과자 중에 '밤바'라는 땅콩 과자가 있습니다. 이스라엘에서는 아이들이 아주 어렸을 때부터 이 땅콩 과자를 먹는다고 하네요. 여기에 주목한 연구자들은 어릴 때 땅콩 과자나 땅콩버터를 먹인 아이와 먹이지 않은 아이의 땅콩 알레르기 발생 비율을 연구했습니다.

　그 결과, 아이들이 생후 60개월이 되었을 때 땅콩이 들어간 이유식을 주지 않은 그룹의 땅콩 알레르기 발병률이 13.7%였던 것에 비해 땅콩 이유식을 준 그룹의 발병률은 1.9%에 불과했습니다. 이는 연구 시작 당시 이미 땅콩에 대한 알레르기가 있던 그룹에서도 마찬가지였어요. 땅콩을 꾸준히 섭취한 경우 오히려 나중에 땅콩 알레르기 비율이 줄었다고 합니다. 이런 연구 결과들 때문에 미국과 캐나다에서는 오히려 이유식에 땅콩이 들어간 음식을 포함하도록 권고하기 시작했습니다.

물론 현재 땅콩 알레르기가 심한 아이라면 먹여서는 안 됩니다. 그리고 땅콩 알레르기 가족력이 있거나 아토피 피부염이 심하거나 걱정이 되는 상황이라면 의사와 상의하에 땅콩 이유식을 진행해야 합니다.

음식 알레르기는 IgE와 관련된 경우도 있고 관련되지 않은 경우도 있어서 혈액 검사(혈액 속 특정 IgE를 측정함)나 피부 테스트가 꼭 정확하지는 않아요. 가장 정확한 진단은 실제 음식을 먹었을 때 증상이 나타나는지를 보는 것입니다. 아이가 음식 알레르기가 의심된다면 식사 일지를 쓰면서 증상 여부를 기록해 보세요. 그리고 이유식을 할 때 아기에게 가벼운 알레르기 증상이 있다고 해서 그 음식을 무조건 피하지 말고 의사와 상의하여 주의 깊게 관찰하며 이유식을 진행해 볼 수 있습니다. 물론 아나필락시스 등 생명을 위협할 만한 상황이거나 심한 알레르기 반응이 있을 때는 당연히 피해야 합니다.

다행히도 대부분의 음식 알레르기는 아이가 커 가면서 좋아집니다. 특히 계란이나 밀 알레르기는 청소년기에 대부분 좋아진다고 해요. 계란이나 우유에 알레르기가 있는 아이도 계란 과자나 계란빵, 치즈나 요구르트 같은 가공 식품은 괜찮은 경우도 많습니다. 하지만 땅콩 등의 견과류는 한 번 알레르기가 생기면 오래 지속된다고 하니 주의를 기울여야 하죠.

알레르기 비염과 천식

알레르기 비염은 만성 비염의 가장 큰 원인입니다. 연구에 의하면 우리나라의 알레르기 비염 유병률은 22% 정도에 달한다고 합니다. 알레르기 비염이 있으면 콧물이 줄줄 흐르고 코가 막히고 눈과 코가 가렵고 재채기가 나죠. 꿀럭거리며 목구멍으로 콧물이 넘어가기도 하고요. 아이들의 눈 밑에 마치 다크서클처럼 보이는 '알레르기 샤이너allergic shiner'가 생기기도 하고, 코를 연신 문지르는 동작이 마치 인사하는 것과 비슷해 보인다고 '알레르기 경례allergic salute'라고 부르는 증상도 생깁니다.

알레르기 비염의 경우 혈액 속 특정 항체 검사나 피부 반응 검사로 증상을 일으키는 원인을 찾을 수 있어요. 꽃가루나 집먼지진드기 같은 알레르기 원인 물질이 몸에 들어와 이에 대한 특정 IgE가 만들어집니다. 이 IgE가 비만 세포나 호염구 표면에 달라붙어 있다가 똑같은 물질이 들어오면 히스타민을 비롯한 알레르기 반응 물질들을 와르르 쏟아 내지요. 혈관을 확장시켜 콧물이 줄줄 흐르고, 염증 세포들을 불러 모아 코가 붓고 막히게 되죠. 알레르기 반응에 의한 염증이 부비동까지 진행되면 만성 부비동염이 됩니다.

① 깨끗한 그릇에 식염수를 담아 주사기로 빨아들인다.

② 콧구멍에 주사기를 뒤통수 쪽을 향해 세워서 넣고 식염수를 쏜다.

③ 콧속 분비물이 제거되고 코 점막이 촉촉해진다.

코 세척 하는 법

부비동염이 생기면 알레르기 비염 증상과 더불어 얼굴에 통증이 생기거나 두통, 만성 기침, 귀의 통증이 생기기도 합니다.

알레르기 비염이 있는 아이들에게는 식염수로 코 세척을 해 주세요. 식염수로 코안을 세척하면 알레르기를 일으키는 물질들과 분비물을 제거할 수 있고, 코 점막을 촉촉하게 유지해 줘서 점막 섬모가 건강하게 움직일 수 있도록 도와줍니다. 코 세척을 하기 힘든 어린아이들이라면 식염수 스프레이를 사용하세요.

비염과 부비동염이 상부 호흡 기관인 코와 부비동에 생기는 질환이라면 알레르기 천식은 하부 호흡 기관인 기관지와 폐에 생기는 질환입니다.

천식은 기침, 가슴 답답함, 쌕쌕거림과 함께 호흡 곤란이 생기는 질환이죠. 천식이 있는 아이들은 앞서 아토피 체질이라고 불렀던, 알레르기를 잘 일으키는 체질인 경우가 많습니다. 그래서 이 아이들이 아토피 피부 질환이나 알레르기 비염을 같이 가지고 있는 경우도 많지요. 아토피 체질인 아이가 바이러스에 감염되거나 알레르기 물질에 노출되면서 이를 계기로 과민 반응이 일어나서 천식이 생깁니다.

천식에 대한 재미있는 연구 결과가 있습니다. 돌 이전에 세균과 알레르기 물질에 노출되면 천식이 예방되지만 3세 이후부터는 집먼지진드기, 바퀴벌레 같은 알레르기 물질에 노출되면 천식 발생률이 높아지거나 증상이 악화되는 것으로 나왔어요. 이 또한 생애 초기에 체내 유익균과 흉선의 상호 작용이 우리 몸의 면역 형성에 중요한 역할을 한다는 증거가 되지요.

아토피 피부염이 있거나 천식 가족력이 있어서 천식이 걱정되는 아이들은 감기를 자주 앓지 않도록 관리해 주셔야 합니다. 특히 폐렴과 모세기관지염을 일으키는 호흡기 세포 융합 바이러스RSV 감염은 천식의 발생을 높인다고 합니다. 가능하면 호흡기 세포 융합 바이러스가 유행하는 시기에는 사람이 많은 곳을 피하는 것이 좋습니다.

다행히 알레르기 질환들은 청소년기를 지나면서 자연적으로 좋아지는 경우가 많습니다. 물론 어른이 되어서도 증상이 지속되는 경우도 있지만요. 그래서 알레르기 질환들은 치료보다는 관리를 잘하면서 자연적으로 좋아질 때를 기다린다고 보시면 됩니다.

알레르기에 쓰는 약물은 최종 반응 물질인 히스타민을 차단하는 항히스타민제, 비만 세포를 안정화하는 류코트리엔 억제제, 만성 염증을 완화해 주는 스테로이드제 등입니다. 최근에는 단클론 항체를 이용하거나 IgE 항체에 의한 반응을 IgG 항체 반응으로 바꾸도록 유도하는 면역 치료도 하고 있습니다.

알레르기 질환들은 모두 엄마 아빠의 흡연과도 관련이 있습니다. 아이의 건강을 생각하신다면, 아니 가족 모두의 건강을 위해서도 꼭 금연하세요.

면역 저하자에서의 감염

감기를 자주, 오래 앓거나 피로하고 컨디션이 안 좋으면 면역력이 떨어진 것 같다고 얘기하는 분들이 많습니다. 물론 어느 정도는 맞는 말이에요. 신체적, 심리적 스트레스는 일시적으로 면역력을 떨어뜨리니까요. 인체는 스트레스를 받으면 코르티솔cortisol 이라는 호르몬을 분비하는데, 코르티솔은 바로 강력한 항염증 작용을 하는 스테로이드입니다. 항염증 작용은 쉽게 말하면 면역 세포의 작용을 떨어뜨리는 것이죠. 하지만 이렇게 말씀하시는 분들 대부분은 의학적으로는 '정상 면역자'입니다.

의학적인 '면역 저하자'는 일시적인 컨디션 저하 때문이 아니라 '면역 저하 질환' 때문에 면역력이 지속적으로 떨어져 있습니다. 잘 알려져 있지 않은 선천적 면역 저하 질환부터 백혈병, 에이즈 같은 후천적 면역 결핍 질환까지 면역 저하 상태에서 살아가는 사람들이 있습니다. 면역 저하 질환자라고 해서 모든 면역이 다 떨어지는 것은 아니에요. 면역 기능의 일부분이 약한 것이죠. 예를 들어 인간 면역 결핍 바이러스HIV 감염 환자는 주로 헬퍼 T세포의 수와 기능이 떨어집니다. 이외에도 호중구가 거의 없는 선천적 면역 결핍 질환(중증 선천성 호중구 감소증), 흉선이 없어 T세포가 훈련을 받지 못하는 질환(디조지 증후군), T세포와 B세포 기능이 둘 다 떨어지는 질환(중증 복합성 면역 결핍증), 선택적 IgA 결핍증 등이 있습니다.

백혈병의 경우에는 백혈구가 비정상적으로 증식하는 반면 늘어난 백혈구가 정상적인 기능을 하지 못하는 비정상 백혈구이기 때문에 면역 결핍이 일어나는 것이죠.

각각의 질환에서 어떤 면역이 결핍되어 있느냐에 따라 잘 걸리는 감염성 질병들도 따로 있어요. 킬러 T세포와 관련된 결핍이 일어나면 어떤 질병에 잘 걸릴까요? 이상 감염 세포를 제거하는 기능이 떨어지기 때문에 세포 속에서 증식하는 바이러스나 세균 감염에 취약해지고, 암세포 제거 기능이 떨어지기 때문에 암 발병이 증가할 수 있습니다. 헬퍼 T세포 기능이 결핍되면 세포 밖 세균에 잘 감염되지요. 물론 도식적으로 딱 떨어지는 것은 아닙니다. HIV 감염 환자에서는 헬퍼 T세포의 기능과 수도 떨어지지만 NK세포의 기능도 떨어져서 세균과 바이러스 감염 모두에 취약해집니다.

이렇게 면역 저하자에게 일어나는 감염을 '기회 감염'이라고 불러요. 면역력이 정상적으로 작동할 때는 꼼짝 못 했을 약한 바이러스나 세균들도 기회를 틈타 질병을 일으킬 수 있습니다. 그래서 정상 면역자는 잘 안 걸리는 질병들이 면역 저하자에서는 자주 나타납니다. 예를 들어 HIV 감염 환자에서는 입안 칸디다증이나 대상포진, 폐포자충증, 크립토콕쿠스 수막염이 잘 생길 수 있어요.

면역 저하자들은 예방 접종을 못 하는 경우가 많습니다. 특히 생백신은 접종을 못 하죠. 약한 바이러스라도 면역력이 떨어진 사람들에게는 치명적일 수가 있으니까요. 그래서 면역력이 정상인 사

면역 저하자들은 예방 접종을 하고 싶어도 못 하는 경우가 많아요.

그래서 집단면역이 필요하답니다.

람들의 접종을 통한 집단 면역이 필요합니다.

면역이 나를 공격할 때, 자가 면역

면역 기능 이상 때문에 생기는 또 다른 질환이 자가 면역 질환이죠. 말 그대로 자기 몸 세포에 대해 면역 반응을 일으켜 공격하는 질환이에요.

목이 붓고 열이 나고 임파선이 부어오르는 편도염은 그룹A연쇄구균GAS 감염에 의한 경우가 흔한데, 이 GAS균의 단백질 모양이 우리 몸의 신장 세포나 심장 세포의 단백질과 유사합니다. 그래서 GAS균을 물리치기 위해 만들어진 항체가 감염 이후에 신장 세포와 심장 세포를 공격하여 질병을 일으키지요. 항체가 신장 세포를 공격하면 혈뇨, 단백뇨, 신장 기능 저하가 생기는 급성 사구체 신염PSGN이 발생합니다. 또 심장 세포를 공격하면 류머티즘 열rheumatic fever이라는 심장 질환이 생기죠. 세균성 편도염에 걸렸을 때 항생제를 쓰는 중요한 이유가 이런 자가 면역 합병증을 예방하기 위한 것입니다.

우리가 흔히 '류머티스'라고 부르는 류머티즘 관절염도 자가 면역 질환입니다. 류머티즘 인자를 비롯한 자가 항체들이 자기 몸의 관절이나 활액낭, 건초를 공격하여 만성 염증을 일으키고 결국 관절을 못 쓰게 만들지요.

제1형 당뇨의 일부도 자가 면역 질환으로 알려져 있어요. 인슐린을 분비하는 췌장의 베타 세포에 대한 자가 항체가 원인이죠. 이 자가 항체가 베타 세포를 파괴하고 이에 따라 인슐린 분비가 줄어들어 당뇨가 발생합니다. 최근에는 이 제1형 당뇨가 어렸을 때의 항생제 남용 때문에 체내 유익균이 변하여 생긴다는 연구들도 있습니다.

여자들에게 흔한 갑상선 질환 중에도 자가 면역 질환이 많습니다. 갑상선 기능 항진증의 대표적인 질환인 그레이브스병의 경우 갑상선 호르몬 분비를 자극하는 자가 항체 때문에 생기는 것이죠. 반대로 자가 면역에 의해 갑상선 세포를 파괴하여 갑상선 기능 저하를 일으키는 질환도 있습니다.

암을 치료하는 면역 세포

암세포는 지금 이 순간에도 우리 몸에서 생기고 있습니다. 다만 우리의 면역 기능이 잘 유지될 때는 곧바로 제거되기 때문에 질병으로 이어지지 않는 것이죠. 암세포는 자기 몸 세포가 변한 것이다 보니 킬러 T세포의 역할이 중요합니다. 킬러 T세포는 암세포가 이상한 단백질을 만들어 주조직 복합체 I에 올려놓으면 이를 감지하고 암세포를 죽입니다. 또 NK세포도 암세포를 제거하는 데 중요합니다. NK세포는 주조직 복합체 I이 없는 암세포도 제거할 수 있거든요. 보통 50세 정도를 기점으로 킬러 T세포와 NK세포의 기능이 떨어지기 시작하는데 이때부터 암이 생길 확률이 높아집니다.

최근에 면역 기능을 이용한 암 치료법들이 많이 나오고 있습니다. 그중 각광받는 것이 바로 '면역 체크 포인트 억제제'를 이용한 치료법이에요. 면역 체크 포인트란 면역 세포에 있는 스위치라고 보시면 됩니다. 간단히 말하자면 정상 세포에 대해서는 스위치가 켜지고 암세포에 대해서는 스위치가 꺼지는 거죠. 암세포는 면역 작용을 피하기 위해 이 체크 포인트 스위치를 켜려고 여러 꼼수를 씁니다. 그래서 약물을 이용해 이 스위치를 꺼서 면역 세포들이 암세포를 공격하게 만드는 것이 면역 체크 포인트 억제제입니다. 이 면역 체크 포인트 억제제는 효과도 좋고 부작용이 크지 않아 실제 암 치료에서 많이 쓰이고 있습니다. 물론 암 종류에 따라 효과가 달라질 수 있습니다. 키트루다, 옵디보, 티센트릭과 같은 이름의 치료제들이죠.

이외에도 여러 가지 면역 치료제들이 연구되고 있어 면역 치료가 앞으로 암 치료에서 중요한 위치를 차지할 것이라 생각합니다.

면역의 핵심은 정확성과 균형입니다. 면역력이 제대로 작동하기 위해서는 공격할 적과 보호해야 하는 아군을 정확하게 구분해야 하죠. 엉뚱한 대상을 공격하면 알레르기나 자가 면역 질환이 생기고, 공격해야 할 적을 내버려 두면 암이 생기거나 감염병이 발생합니다. 또 적과 싸울 때에 아군이 같이 다치지 않도록 힘의 균형을 잘 잡아야 합니다. 지나친 공격으로 면역 과잉 반응이 생기면 스스로 자기 세포들까지 파괴하는 상황에 이르기도 합니다.

이제 '면역력이 높아야 무조건 좋은 것'이라는 인식이 왜 잘못되었는지 잘 아시겠죠?

4장

감염병과 싸워 온
인류의 역사

현대를 살아가는 우리들은 종종 인류가 처음부터 지금과 같은 모습으로 살아왔던 것으로 착각하기도 합니다. 하지만 인류가 지금과 같이 산업화, 도시화가 진행된 상태로 산 것은 불과 200년밖에 되지 않았고, 지금도 눈이 휘둥그레질 만큼 빠른 속도로 변하고 있죠. 과거 우리 조상들이 어떤 모습으로 살았고 어떤 질병으로 고생하였으며 어떻게 대처했는지를 알면 놀랄 수도 있습니다. 18세기 말 산업 혁명 이후 기술과 과학의 성과는 우리의 삶을 지금도 바꿔 놓고 있고, 의학도 나날이 발전하고 있습니다. 또한 삶의 모습이 변함에 따라 질병의 양상도 바뀌고 있습니다. 과거 식량이 부족할 때는 영양 결핍과 그로 인한 질병이 많았고, 열악한 주거 환경이나 의복 때문에 추위나 더위에 의한 질환도 많았습니다. 노동 환경이 열악한 곳에서는 사고나 중독, 탈수에 의한 질병이 생기기도 하지요. 물론 각종 미생물에 의한 감염병도 큰 문제였습니다.

현재 우리나라에서 부모들을 자주 걱정시키는 것은 바로 세균이나 바이러스 등에 의한 감염병일 것 같습니다. 감기나 장염부터 중이염, 모세기관지염, 폐렴, 독감까지 아이들을 열나게 만들고 보채거나 처지게 하는 질병들이죠. 지금부터 바로 이 감염병의 역사를 살펴볼까 합니다.

인류가 모여 살면서 급증한 감염병

신석기 혁명이 시작되기 전까지 사람들은 몇십 명 단위의 소수 부족으로 넓게 분산되어 살고 있었습니다. 선사 시대 인류의 사망 당시 연령은 40세 이하가 대부분이었다고 해요. 수렵과 채집을 하며 살던 인류는 살아 있는 동안은 대체로 건강했을 것이라고 합니다. 감염병은 한 소수 부족을 전멸시킬 수는 있었지만 더 이상 확산되지는 못했지요. 새로운 숙주를 찾지 못하는 병원균은 결국 고립되어 소멸되고 말았습니다.

약 1만 년 전 인류가 정착 생활을 하고 농사를 짓기 시작하면서 인구가 폭발적으로 늘어났습니다. 마을은 도시가 되고, 사람들이 모여 살기 시작했습니다. 당시의 인구 밀도는 선사 시대에 비해

10~20배가량 증가한 것으로 알려졌습니다.

사람들은 농사와 더불어 가축을 키우기 시작했습니다. 가축은 가죽과 고기를 줄 뿐 아니라 농사를 도와주었기 때문에 농업과 목축은 같이 발달했습니다. 동물의 가축화는 새로운 감염병이 생길 수 있는 기반이 되었습니다. 가축에서만 생기던 감염병이 돌연변이를 일으키면 인간에게도 병을 일으킬 수 있으니까요. 촌락 주변으로 사람과 가축의 배설물이 쌓이고, 이 배설물이 그대로 농사 짓는 물로 유입되면서 세균과 기생충 감염이 늘어났습니다.

이후 수많은 생명을 앗아 가는 감염병의 유행이 시작되었습니다. 신석기 혁명 이후 더 이상 먹을 것을 찾아 헤맬 필요는 없었지만 농사를 짓고 가축을 기르기 위해 매일매일 고된 노동을 해야 했고 먹거리의 다양성이 떨어졌습니다. 선사 시대 인류에 비해 오히려 건강이 좋지 않아졌습니다. 당시에는 질병을 악령이나 정령의 짓이라고 생각하여 제물을 바치고 주술과 마법을 사용하는 등 주술적인 치료에 머물렀습니다. 아플 때 사람이 한없이 약해지고 어딘가 의지하고 싶은 것은 그때나 지금이나 마찬가지여서 당시 의술은 주술 혹은 신앙과 맞닿아 있었습니다.

전 세계를 뒤덮은 검은 유령, 페스트

이후 인류의 문명이 발달할수록 감염병은 인류를 괴롭히는 가장 무섭고도 위력적인 존재가 되었습니다.

세계가 로마로 통하던 시절, 감염병도 로마의 잘 정비된 도로와 마차를 타고 유럽 전역으로 퍼졌습니다. 『명상록』을 쓴 황제 아우렐리우스는 180년 감염병으로 사망하였는데, 당시 감염병으로 로마에서 하루에 2000명 이상이 죽었다고 합니다. 황제의 담당 의사였던 갈레노스의 기록을 보면 그 감염병은 목 염증, 발열, 설사, 발진과 농포를 일으킨다고 되어 있습니다. 정체는 정확히 알 수 없지만 이 감염병은 마르쿠스 아우렐리우스 안토니우스 황제의 이름을 따 '안토니우스 역병'이라고 기록되었고 이것이 세계적인 규모로 유행한 감염병에 대한 첫 번째 기록입니다.

이후 세계적인 규모의 감염병이 유럽과 아시아 등 구대륙을 뒤덮었습니다. 특히 문명이 확장되는 시기에는 인구가 급격히 늘고 사람과 사람이 접촉하는 영역이 넓어지면서 감염병이 엄청난 파괴력으로 대륙 전체에 퍼졌습니다. 농업 생산량이 늘어나 잉여 음식물을 저장하자 쥐가 들끓었습니다. 그리고 쥐를 중간 숙주로 하는 페스트도 시작되었죠.

페스트는 예르시니아 페스티스yersinia pestis라는 세균에 의해 생기는 질병으로 쥐벼룩에 물려서 발생합니다. 처음에는 두통, 안구

충혈, 임파선 염증으로 시작해서 전신의 피부가 까만 수포로 덮이고 패혈증이나 폐렴으로 진행되어 사망합니다. 폐렴이 발생하면 피를 토하는데, 그렇게 되면 페스트균이 중간 숙주를 거치지 않고 사람에서 사람으로 직접 전파되기 시작합니다.

페스트는 역사적으로 크게 세 번 대유행했고, 이로 인해 수많은 사람들이 목숨을 잃었을 뿐 아니라 사회 구조가 흔들리는 중요한 계기가 되었습니다.

첫 번째 페스트는 6세기에서 8세기 사이에 200년 가까이 반복적으로 재발하면서 유럽 전역을 뒤흔들었습니다. 이 병으로 당시 3000만~5000만 명이 목숨을 잃었고, 인구가 가장 밀집했던 동로마 제국은 주민의 절반 이상이 사망했습니다. 가장 절정이었을 때 콘스탄티노플에서는 하루에 5000명이 죽어 나갔고 사망자가 너무 많아 감당이 되지 않았다고 합니다. 세금을 걷을 수도 없고 교역을 할 수 없을 정도로 사회와 경제의 질서가 붕괴되었습니다.

두 번째 페스트의 대유행은 1340년대에 시작되었습니다. 1347년 이탈리아에서 처음 발생한 후 10년 동안 전체 유럽 인구의 25~30%가 사망했습니다. 이 페스트는 유럽뿐 아니라 이슬람 세계와 중국까지 퍼져 나갔고 결국 원나라의 멸망에 영향을 주기도 했지요. 검역의 개념도 그때 생겼습니다. 베네치아에서는 1485년부터 입항하는 모든 배를 해안선에서 일정한 거리 이상 떨어진 해상에 40일간 머물게 하여 감염병 여부를 확인했다고 합니다.

중세에는 기본적인 위생 개념이 없기도 했고 종교적으로 몸을 씻거나 목욕하는 것을 죄악시했습니다. 병을 신의 징벌이라고 생각했고 평생 한 번도 목욕한 적이 없는 것을 자랑스럽게 여길 정도였지요. 그런 환경의 영향으로 페스트, 천연두, 이질, 콜레라 등의 감염병이 번갈아 가며 창궐했습니다. 감염병의 대유행 앞에 사람들은 속수무책으로 쓰러졌고 신에게 기도하는 수밖에 없었죠. 당시에는 사제들이 질병을 치료했고, 의학 역시 종교의 지배 아래 있었습니다.

페스트가 계속되면서 인구가 급속히 줄어들고, 사회 경제 질서가 뒤집히기 시작했습니다. 신에게 아무리 부르짖어도 소용이 없자 분노와 좌절감이 팽배했고 종교의 권위가 떨어졌습니다. 십자군 전쟁을 통해 이슬람 문명이 유럽으로 들어오면서 르네상스가 시작되었죠. 두 번째 페스트로 유럽 인구의 약 30%가 사라지자 사람 자체가 귀해지며 인본주의가 싹트기 시작했습니다. 이 시기에 의학도 종교를 벗어나 발전하기 시작했습니다.

세 번째 페스트는 1855년 중국에서 다시 나타나 인도, 오스트레일리아, 아프리카 등으로 퍼져 나갔지만 두 번의 페스트를 겪은 인류에게 이전과 같은 타격을 주지는 못했습니다. 같은 균의 감염이 반복되면 인류 전체에도 면역이 생기지만, 균도 치명률을 줄이도록 진화한 것이 살아남습니다. 숙주가 있어야 균도 존재할 수 있기 때문이죠.

산업 혁명, 위생과 역학의 시작

18세기 중반 유럽에서 산업 혁명이 시작되었습니다. 도시에 공장이 우후죽순으로 들어섰고 사람들이 도시로 몰려들었습니다.

그 당시 도시 노동자들의 주거 환경이나 일하는 공장의 환경은 정말 열악했습니다. 도시의 인구가 늘어나자 슬럼가가 생겼고, 오염된 물과 공기, 음식물로 인한 감염병이 흔하게 발생했습니다. 특히 어린이들의 희생이 컸습니다. 당시 노동자의 급여가 너무 낮아 5세 아이들조차 열악한 현장에서 일을 해야 하루하루 먹고살 수 있었습니다. 1840년 영국 리버풀에서 조사한 평균 수명을 보면 상류 계급의 경우 35세, 노동자 등 하층민의 경우는 15세에 불과했습니다. 19세기 미국의 기대 여명도 40세 정도였습니다. 30~50%의 아이들이 5세 전에 사망했는데 가장 큰 이유는 콜레라 같은 설사 질환, 백일해, 디프테리아, 성홍열 등의 감염병이었습니다.

산업 혁명 시기를 장식한 두 가지 질병이 바로 결핵과 콜레라입니다. 소수 부족으로 흩어져 살던 선사 시대에는 짧은 시간 안에 발병과 전염을 일으키는 질환들은 인류에게 오래 영향을 주지 못했습니다. 그렇지만 결핵과 같은 잠복균은 이야기가 달랐어요. 세포 속에 잠복하여 천천히 번식하는 결핵균은 아주 오래전부터 인간과 함께했습니다. 고대 그리스와 로마에서는 부모에서 아이로 이어지는 것을 보고 결핵이 일종의 유전병이라고 생각했습니다.

페스트나 천연두와 달리 빠르게 퍼지는 감염병이 아니기 때문에 산업 혁명 시기 이전에는 대규모로 발생한 적이 없습니다. 산업화와 도시화가 진행되면서 결핵균의 서식 조건이 잘 갖추어지자 천연두와 페스트의 뒤를 이어 역사의 악역을 맡게 됩니다. 결핵은 1800년대 전반 유럽 인구의 4분의 1을 희생시켰습니다. 유명한 예술가들 중에 결핵으로 고통을 받거나 사망한 사람들이 많습니다. 쇼팽과 도스토옙스키도 결핵으로 사망했고, 우리나라의 시인 이상도 결핵으로 사망했죠.

콜레라는 인도 벵골 지방의 풍토병이었습니다. 비브리오 콜레라균에 의해 생기는 이 질병은 쌀뜨물 같은 심한 설사가 며칠 동안 지속되다가 탈수와 전해질 불균형으로 사망합니다. 콜레라는 1817년 콜카타 지역에서 창궐한 뒤 인도 전역으로 퍼져 나갔고 당시 인도를 식민 지배한 영국의 선박을 통해 빠르게 유럽과 동남아시아, 중국, 일본 등지로 퍼져 나갔습니다.

19세기에 일어난 콜레라 대유행은 인류 역사에 매우 중요한 역할을 했습니다. 1854년 런던에 콜레라가 창궐했을 당시 사람들은 콜레라가 더러운 공기나 나쁜 냄새에 의해 생기는 병이라고 생각했습니다. 그런데 영국의 의사 존 스노는 도시에서 발생한 모든 환자의 위치와 행동반경을 추적하여 콜레라 환자들이 모두 같은 샘에서 물을 마셨다는 사실을 밝혀냈습니다. 이것이 바로 현대 역학의 시작입니다. 이것을 계기로 의학계에 미생물에 대한 시각이 생겨나기 시작했지요. 정체는 알 수 없지만, 질병을 유발하는 어떤 물질이 있다는 사실을 막연하게 인지한 것입니다. 후에 독일의 로베르트 코흐가 콜레라균을 밝혀내고 확인하게 됩니다.

인류의 감염병을 줄이는 데 공헌한 또 한 사람으로 이그나츠 제멜바이스라는 헝가리 의사가 있습니다. 제멜바이스가 산과 조수로 일하던 당시에는 산욕열로 인한 산모들의 사망이 엄청나게 많았습니다. 산욕열은 분만 후 이틀 이상 발열이 지속되고 패혈증으로 사망하는 병입니다. 당시 의사들은 산욕열이 감염병이 아니라 산모의 체질이나 나쁜 공기 때문이라고 생각했습니다. 그러나 제멜바이스는 의사가 돌보는 산모에서는 산욕열 발생이 많은데 조산원에서 돌보는 산모에서는 산욕열 발생이 적은 것을 발견하고, 산욕열이 환자를 많이 만지는 의사의 손에 의해 감염되는 것이라고 생각하게 되었죠. 이 발상의 전환으로 산과 의사들이 진료하기 전 손을 소독하기 시작했고 이로 인해 임산부의 사망률이 10분의 1 수준으로 줄어들었습니다.

이후 또 한 명의 의사가 등장하여 소독의 중요성을 알리게 됩니다. 바로 영국 의사 조지프 리스터입니다. 당시 외과 수술 후에 상처가 감염되어 생기는 '수술열'은 외과 의사들의 골칫거리였죠. 사지 절단 수술을 한 환자의 경우 이 수술열 때문에 사망률이 80%에 달하기도 했습니다. 리스터는 이 문제를 해결하기 위해 페놀로 수술 부위를 소독했고 무균 수술에 성공하였습니다. 리스터는 지

금도 소독의 대명사로 인식되는데, 구강 소독제인 '리스테린'이
바로 리스터의 이름에서 따온 것이에요.

천연두와 우두법, 예방 접종의 시작

성경에 나오는 모세의 출애굽 이야기를 보면 당시 나일강이 범
람하고 하늘이 어두워졌으며 해충이 들끓고 감염병이 번졌다고
합니다. 학자들은 그때 유행했던 질병이 천연두일 가능성이 높다
고 생각합니다. 실제로 이집트 파라오인 람세스 5세의 미라에서
천연두 자국이 발견되기도 했죠. 천연두는 바리올라variola 바이러
스에 의해 생기는데, 감염된 사람이 기침이나 재채기를 할 때 튀
어 나온 분비물이나 피부의 고름이 다른 사람에게 묻어 직접 전
파되기 때문에 밀집 생활을 하면서 유행하기 시작했습니다. 고열,
두통, 출혈과 피부 농포가 생기고 심한 경우 사망에 이릅니다. 천
연두가 고대 이집트에서 인도를 거쳐 중국에 도착한 것이 기원전
250년이고, 이후 구대륙은 천연두의 만성 발생지가 되었습니다.
재러드 다이아몬드는 저서 『총·균·쇠』에서 감염병이 인간 역사
에 치명적인 영향을 미쳤다고 기술했습니다. 에스파냐의 코르테
스가 멕시코의 아스테카 문명을 초토화시킨 것은 총기보다는 천
연두 바이러스 때문이었습니다. 침략 초기 코르테스의 군대는 아

스테카 군대에 밀려 후퇴를 했으나 이후 아스테카의 지도자를 포함해 수많은 아스테카 병사가 천연두로 죽고 맙니다. 이때 퍼진 천연두로 2년 만에 아스테카 인구의 25%가 사망했고, 50년 만에 인구의 90%가 줄었습니다.

페루의 잉카 제국도 마찬가지였습니다. 1532년 피사로가 들어올 당시 이미 잉카 제국의 왕과 왕실을 포함해 약 20만 명이 천연두로 사망한 상태였습니다. 이후 전체 인구의 60~90%가 줄자 피사로는 별다른 저항 없이 잉카 제국을 정복했습니다.

그렇다면 왜 당시 남미인들은 천연두 바이러스에 이토록 취약했던 것일까요? 바이러스나 세균이 감염병을 지속적으로 일으키려면 일정 규모 이상의 인구가 모여 살아야 합니다. 그래야 전염이 반복되면서 인간 집단에게도 면역이 생기고, 바이러스나 세균도 인간에게 맞추어 독성이 약해지는 것이죠. 남미는 유럽이나 아시아에 비해 대규모로 인구가 밀집한 시기가 늦었고 이 때문에 감염병에 노출이 적었습니다. 또 감염병에 노출되려면 가축과 가깝게 지내야 하는데 남미에는 라마 외에는 가축으로 삼을 만한 짐승이 거의 없었고 그나마도 방목하여 밀접하게 접촉하는 경우가 드물었습니다. 이런 두 가지 차이점 때문에 남미인은 천연두 바이러스에 면역을 전혀 가지지 못했고, 전멸하다시피 한 것입니다.

여기서 오해하지 말아야 할 것은 인간 집단이 감염병에 대한 면역을 얻는 것은 엄청나게 많은 수의 취약한 인구가 죽고 희생하여 생긴다는 것입니다. 그러니 이것을 마냥 좋게 생각할 수는 없습니다. 바꿔 말하면 구대륙 사람들은 남미인들에 비해 일찍이 대규모의 희생을 반복해서 치른 것입니다.

18세기에 들어와 유럽에서도 천연두가 다시 크게 유행했습니다. 그렇지만 남미 원주민들처럼 궤멸되지는 않았습니다. 아이러니하게도 온갖 질병에 노출되어 면역 경험을 가진 것이 유럽 사람들을 살아남게 만들었죠. 감염병이 창궐할수록 면역력을 갖춘 사람의 수가 많아지고 그 피해는 점점 줄어들었습니다. 물론 면역이 없는 소아는 문제가 되었지만요.

천연두는 온몸에 심한 흉터를 남기기 때문에 아이들을 천연두로부터 보호하기 위한 여러 방법들이 고안되었습니다. 종두법이 나오기 전인 15세기에도 천연두를 예방하기 위해 천연두 환자의 피부에 생긴 고름을 바늘에 묻혀 건강한 사람의 얼굴에 찌르는 방법이 있었습니다. 이외에도 천연두 환자의 옷을 건강한 아이에게 입히거나, 천연두 고름을 솜에 묻혀 콧구멍에 넣는 방법도 있었는데, 이를 인두법이라고 합니다. 한 번 천연두를 앓고 나면 이 병에 다시 걸리지 않는다는 것을 예전부터 알았기 때문에, 세균이나 바이러스에 대한 개념이 생기기 전에도 인두법이라는 예방법을 시행했던 것입니다. 인두법은 예방 효과가 있었지만 자칫 천연두에 감염되는 위험성도 있었고, 다른 질병이 옮아갈 위험도 있었습니다. 이런 결점을 에드워드 제너의 우두 접종이 제거한 것이죠. 우두는 천연두와 유사한, 소가 앓는 질병인데 사람에서는 증상을 크게 일으키지 않습니다. 하지만 우두 바이러스와 천연두 바이러스의 유사성 때문에 우두 바이러스를 접종하고 그에 대한 항체가 생기면 천연두에도 면역력이 생깁니다.

그러니까 예방 접종은 세균이나 바이러스가 발견되기 전부터 시작되었던 것입니다. 예방 접종의 성과로 1980년 세계보건기구는 천연두가 박멸되었음을 선언하였습니다. 인류가 박멸한 최초이자, 아직까지는 유일한 감염병이 바로 천연두입니다.

세균과 바이러스의 발견, 질병관을 바꾸다

감염병에 대한 경험과 연구가 쌓이면서 사람들은 위생의 중요성에 대해서 알게 되었고, 질병의 역학 관계도 알게 되었습니다. 우두법과 같은 예방 접종도 생겨났지요. 하지만 결정적으로 도대체 무엇 때문에 감염병이 발병하는지는 알지 못했습니다. 그때까지는 세균이나 바이러스의 존재를 알 수 없었기 때문입니다.

19세기 말 프랑스의 미생물학자 루이 파스퇴르와 독일의 의사 코흐는 많은 질병이 미생물, 특히 세균의 존재와 활동으로 발생한다는 것을 밝혀냈습니다. 1901년에는 황열병의 원인이 세균과 다른 미생물인 바이러스라는 것이 밝혀졌습니다. 세균과 바이러스가 확인되면서 인류의 질병관이 완전히 바뀌었습니다. 정령이나 악령의 짓이라고 생각했던 고대, 신의 징벌이라고 여겼던 중세를 거쳐, 근대에도 질병은 나쁜 공기나 냄새 혹은 체질에 의해 생긴다고 여겼습니다. 그런데 세균과 바이러스가 질병의 원인이라는 것이 밝혀지자 특정 원인이 특정 질병을 일으킨다는 근대 의학의 질병관이 성립되었습니다.

세균과 바이러스의 존재가 밝혀지자 백신 개발에도 변화가 생겼습니다. 1880년에는 파스퇴르가 닭 콜레라균을 통해 예방 접종의 원리를 알아냈는데 이는 면역학적 이해 아래에서 만들어진 최초의 백신이었습니다.

파스퇴르가 닭 콜레라 백신을 개발한 것은 우연한 발견과 과학적 사고가 합쳐진 결과였습니다. 파스퇴르의 조수 중 한 명이 실수로 닭 콜레라균을 긴 시간 동안 방치했다가 뒤늦게 닭에게 주입했는데 닭이 콜레라에 걸리지 않고 오히려 저항력을 갖게 된 것이죠. 이 현상을 본 파스퇴르는 약해진 균을 주입하면 병을 예방할 수 있을 것이라 예상하고 연구를 지속했고 마침내 닭 콜레라 백신을 개발하였습니다.

질병관이 바뀌면서 손 씻기와 소독법, 멸균 외과술 등 세균을 없애는 방법들이 정립되어 질병 예방에도 큰 변화가 생겼습니다. 미국 통계를 보면 1789년에는 평균 수명이 겨우 35세에 불과했지만 1900년에는 47세로 늘었고 1920년이 되자 평균 수명이 55세가 됐습니다. 20세기 초반의 인류는 감염병에 속수무책으로 쓰러져 가 던 시절은 이제 끝났다고 희망적으로 생각했지요.

세계 대전에서 인류를 구한 페니실린

그렇지만 두 차례의 세계 대전은 인류를 또다시 고통의 구렁텅 이로 빠뜨렸습니다. 감염병과 전쟁은 사실 떼려야 뗄 수 없는 관계 입니다. 제1차 세계 대전 때는 발진 티푸스로 200만 명 이상이 목 숨을 잃었습니다. 발진 티푸스는 리케차균에 의한 질병으로 주로 이가 옮깁니다. 우리나라에서 가을철에 발생하는 쯔쯔가무시병과 비슷한 병이죠. 페스트와 달리 사람끼리 전염되지는 않아 페스트 만큼 인구를 줄이지는 않았습니다. 하지만 위생 상태가 열악할 수 밖에 없는 전쟁터에서는 이가 들끓어 발진 티푸스가 크게 유행했 습니다. 나폴레옹이 러시아를 정벌하려고 나섰을 때 프랑스 병사 들 사이에 발진 티푸스가 무섭게 번졌고 이로 인해 결국 러시아 원 정도 무산되었죠. 『안네의 일기』의 안네 프랑크도 수용소에서 발 진 티푸스로 사망했습니다.

제1차 세계 대전 중이던 1918년, 또 하나의 불길한 감염병이 돌 기 시작했습니다. 당시 스페인독감이라고 불렸던 인플루엔자가 바로 그것이죠. 1918년에서 1919년 사이의 짧은 기간에 전 세계 인구의 4분의 1인 약 5억 명이 감염되었으며 그중 5000만 명가량이 사망했습니다. 기존에 알고 있던 질병과 달리 이 스페인독감은 20~40대 사이의 젊은 사람들에게 치명적이었습니다. 전쟁 중이던 나라들은 젊은 군인들이 속수무책으로 쓰러져 나가는 것을 보며 비명을 질렀습니다. 미국에서 제1차 세계 대전 전사자 중 80%가 인플루엔자로 사망했고, 대부분이 세균성 폐렴 합병증 때문이었습니다.

어느 정도 감염병을 통제하고 있다고 생각했던 인류의 자만은 두 번의 세계 대전과 스페인독감을 겪으면서 처참하게 꺾였죠. 위생 개선, 소독, 방역과 검역, 영양 상태와 주거 환경 개선으로 질병 예방은 가능했지만 막상 질병에 걸렸을 때는 속수무책이었으니까요.

1928년, 의학계에 혁명이 일어났습니다. 알렉산더 플레밍이 휴가 기간 방치해 놓았던 세균 배양 접시 위에서 인류 최초의 항생제 페니실린을 발견한 것입니다. 이후 하워드 플로리와 언스트 체인에 의해 1943년부터 페니실린이 상용화되었고, 제2차 세계 대전 당시 세균 감염으로 사망할 뻔한 병사들이 페니실린 덕분에 살아 돌아오면서 페니실린의 인기는 하늘을 찔렀습니다.

페니실린의 발견으로 의학은 황금시대를 맞이하였습니다. 이후 스트렙토마이신, 테트라사이클린, 에리트로마이신, 이소니아지드, 세팔로스포린 등 항생제가 잇따라 나왔습니다. 항생제들의 보호막 덕분에 외과 수술은 전보다 훨씬 안전해졌지요. 항암 치료도 면역 억제 치료도 가능해졌습니다. 항생제가 없었다면 어느 누구도 몇 시간 동안 복부 장기나 뇌, 심장을 열어 수술을 할 수 없었을 것입니다.

● 장티푸스 메리

항생제가 없던 시절에는 장티푸스의 사망률이 약 10~20%에 이르렀습니다. 장티푸스균과 관련하여 의학사에서 유명한 인물이 있어요. 바로 장티푸스 메리Typhoid Mary 라고 불리는 사람이죠. 장티푸스 메리는 20세기 초 뉴욕에서 일하던 요리사였습니다. 그는 장티푸스균에 감염되어 있었지만 전혀 증상이 없었습니다. 그는 일곱 가족의 요리사로 일하며 약 50명의 사람을 장티푸스에 걸리게 만들었고 이 중 3명이 사망했지요. 당시에는 미생물에 대한 개념도 부족했고, 건강한 사람이 병을 옮긴다는 것이 이해가 안 되는 상황이었죠. 이후 장티푸스 연구자인 소퍼 박사가 장티푸스 메리를 추적하면서 메리가 가는 곳마다 장티푸스 환자가 생긴다는 사실을 알게 되었고, 뉴욕시에서는 메리를 3년간 병원에 강제 입원시켰다고 해요. 당시에는 장티푸스를 치료할 만한 항생제가 없었거든요. 이후 그는 퇴원해서도 약속을 지키지 않고 다시 요리사로 일했고, 환자가 다시 발생하자 남은 생애를 병원에서 격리된 채 살아가야 했지요.

지금은 장티푸스균에 감염되어도 항생제로 치료할 수도 있고, 보균된 담낭을 수술로 제거할 수도 있어서 장티푸스 메리처럼 격리되어 살 필요가 없습니다. 메리처럼 장티푸스균에 감염되어 있으나 자신은 전혀 증상이 없는 사람을 무증상 보균자라고 합니다. 이런 현상은 한 번 급성 감염이 일어난 뒤 완전히 치료되지 못하고 감염이 만성화되어 장티푸스균의 번식과 인체 면역력 간에 평형 상태가 지속되는 것이 원인입니다. 보통 담낭 기형이 있거나 담석이 있는 사람이 만성 보균자가 될 가능성이 높습니다. 만성 보균자는 자신은 증상이 없으나 다른 사람들에게 전염시킬 수 있고, 장기간 추적 결과 담낭암의 위험이 높다고 하니 꼭 치료를 해야 합니다.

지금까지의 역사를 돌아보면 인류는 성공적으로 감염병을 극복해 온 듯합니다. 감염병은 인구가 증가하고 인구 밀도가 높아지면서 유행하기 시작했고, 문명이 팽창하면서 폭발적으로 퍼져 나갔습니다. 가축을 키우기 시작하면서 가축 감염병에 돌연변이가 발생하여 인간에게 새로운 감염병이 생기기도 했습니다. 그렇게 반복된 감염으로 인해 인류에게 특정 감염병에 대한 면역력이 생기기도 하고 감염병 자체도 약해졌습니다. 거기다 위생과 의식주의 개선, 역학과 소독의 발달, 백신과 항생제의 개발까지 이어지며 지금에 이르렀습니다.

우리나라 평균 기대 수명은 2018년 기준으로 82.4세입니다. 1945년쯤에는 40~45세가량이었다고 알려져 있으니 그동안 기대 수명이 두 배로 늘어난 것이죠. 자료를 보면 우리나라에서 1946년에만 콜레라로 1만 명 이상이 사망하였고 천연두로 4000명이 넘게

죽었습니다. 1970년대 초까지도 기생충 감염률이 80%가 넘었죠. 영아사망률(신생아 1000명 중 돌이 되기 전에 죽는 아기의 수)은 2012년 기준 2.9명으로 OECD 평균보다 적지만, 1955년에는 135명이었습니다. 지금 우리나라에서 감염병은 더 이상 주요 사망 원인이 아닙니다.

하지만 우리는 항생제와 예방 접종이라는 두 무기를 가지고서도 여전히 고민에 빠져 있습니다. 바로 다제 내성균과 신종 감염병들, 항생제 오남용에 의한 체내 유익균의 불균형 때문이죠.

시기	감염병과 의학의 역사
선사 시대	감염병이 소수 부족에 국한됨
신석기 혁명 이후	인구 밀도가 높아져 감염병의 유행이 시작됨
중세 시기	세 차례의 대규모 페스트 유행이 발생함
15~16세기	에스파냐 정복자에 의해 옮겨 간 천연두가 아즈테카 문명과 잉카 문명을 초토화시킴
1796년	제너가 최초로 우두 접종 실험을 함
1847년	제멜바이스에 의한 손 소독으로 산욕열 발생률이 감소함
1854년	스노가 오염된 식수가 콜레라의 원인임을 밝힘
1861년	파스퇴르가 미생물이 발효의 원인임을 증명
1876년	코흐가 탄저균의 실체를 밝혀내고, 이를 통해 세균이 감염병의 원인임을 알아냄
1880년	파스퇴르가 닭 콜레라균을 통해 백신의 원리를 밝혀냄
1882년	코흐가 결핵균을 확인함
1907년	장티푸스 메리의 강제 입원, 무증상 보균자임을 확임함
1918~1919년	스페인독감으로 수천만 명이 사망함
1928년	플레밍이 페니실린을 발견함
1941년	플로리와 체인이 최초로 페니실린을 이용하여 환자를 치료함
1980년	세계보건기구가 '천연두 퇴치 인증을 위한 세계위원회'를 개최함

5장

항생제, 아껴야만 하는 인류의 무기

마이
프레셔스~

우리가 쓰는 약 중 항생제만큼 두 얼굴을 가진 것도 없는 것 같습니다. 항생제는 질병을 일으키는 세균에 대항하기 위해 우리에게 꼭 필요한 무기입니다. 그것은 반박할 수 없는 사실입니다. 하지만 항생제 오남용으로 인한 다제 내성균 발생은 이미 심각한 수준으로 인류를 위협하고 있고, 생애 초기 우리 몸의 면역 세포의 교사이기도 한 체내 유익균이 반복적인 항생제 사용으로 인해 다양성을 잃으면 각종 질병이 발생할 수 있습니다.

항생제의 장점만 보는 분들은 아이가 조금만 아파도 바로 항생제 처방을 요구하기도 하고, 단점만 보는 분들은 항생제를 독약 보듯이 하시죠. 어떤 약이든 장점과 단점을 모두 알고 있어야 아이의 상태에 따라 득실을 따져 가며 쓸 수 있습니다. 그러니 약을 처방하는 의사도, 약을 먹는 환자와 보호자도 약에 대한 이해가 필요하죠.

항생제의 어마어마한 효과

항생제antibiotics 라는 말은 미국의 세균학자 셀먼 왁스먼이 1924년에 처음 사용했습니다. 다른 생명을 억제하거나 죽인다는 의미지요. 하지만 우리가 약품으로 쓰는 항생제는 질병을 유발하는 세균을 표적으로 하기 때문에 '항균제'라고 써야 더 정확하다고 할 수 있겠네요.

항생제가 없던 시절에는 감염병 치료를 어떻게 했을까요? 1841년 미국 제9대 대통령에 당선된 윌리엄 해리슨은 취임 한 달 만에 폐렴으로 사망합니다. 당시 대통령 주치의가 쓴 약은 타르타르라는 독, 암모니아, 수은, 설사 유도제, 박하 등이었다고 해요. 1928년에 플레밍이 페니실린을 발견했지만 이것이 상용화된 것은 1942년입니다. 플레밍은 페니실린의 가능성을 알아채고 이것을 상업화하려고 노력했지만 실패했죠. 당시 학계에서는 플레밍의 발견에 크게 호의적이지도 않았다고 해요. 그러다가 플로리와 체인이 페니실린 상용화에 성공했고 결국 1945년 플레밍과 플로리, 체인이 함께 노벨 생리의학상을 받았습니다.

페니실린은 세균에만 있는 구조물인 '세포벽'을 만들지 못하게 방해합니다. 그래서 세균의 세포벽이 비실비실 약해지도록 해서 죽게 하는 것이지요. 특히 포도상구균이나 연쇄구균 감염에 효과적이고 임균 감염이나 매독 치료에도 사용합니다. 사람 세포에는

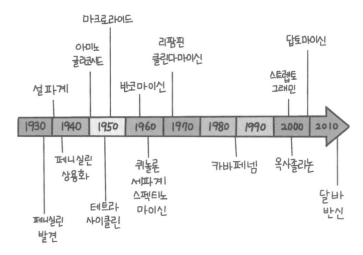

항생제 발명의 역사

세포벽이 없기 때문에 페니실린은 인체 부작용이 거의 없어요. 그러니 페니실린이 얼마나 큰 각광을 받았을지 짐작하고도 남죠. 페니실린 이후 여러 가지 항생제가 만들어졌던 1950년에서 1970년 사이를 의학의 황금기라고 부릅니다.

항생제가 없던 시절, 세균성 폐렴에 걸리면 사망률이 30~40%에 이르렀습니다. 지금은 어떠냐고요? 미국 통계로 보면 폐렴구균에 의한 사망률이 만 2세 미만 아이에서 4%, 만 2세 이상에서는 2% 정도밖에 안 됩니다. 물론 아직도 무서운 질환인 것은 틀림없죠. 그렇지만 건강한 성인조차 감염병을 걱정하던 이전과 달리, 지금의 감염병은 어린이나 노인, 그리고 면역 저하자들에서 주로 문제가 됩니다.

  항생제가 없다면 지금의 의학 기술 중에 쓸모없어지는 것들도 많습니다. 무균 상태를 유지해야 하는 뇌 수술, 심장 수술은 생각도 못 하겠죠. 백혈병에 걸려 항암 치료를 해야 하는 아이들은 어떤가요? 백혈구 수치가 0에 가깝게 떨어지는 상황에서 만약에 세균에 감염된다면? 지금이야 항생제로 치료할 수 있지만 항생제가 없다면 백혈병 치료는 시도조차 하지 못할 것입니다. 장기 이식도 불가능하지요. 다른 사람의 장기를 몸에 이식받은 사람은 평생 면역 억제 치료를 해야 하는데, 항생제가 없다면 평생을 감염의 공포 속에서 살아가야 하겠죠. 항생제라는 보호막이 있기에 지금의 수술도, 항암 치료도 가능합니다.

항생제 오남용이 불러온 비극, 다제 내성균

하지만 페니실린이 개발된 지 100년도 채 되지 않아 우리는 다제 내성균의 위협에 직면해 있습니다. 다제 내성균이란 두 가지 이상의 항생제에 동시에 내성을 지닌 세균을 말합니다.

자, 폐렴구균이 우리 몸에 들어와서 증식을 하고 폐렴을 일으켰다고 생각해 봅시다. 열이 나고 기침이 나고 상태가 안 좋아집니다. 병원에 가서 폐렴을 진단받고 적당한 항생제를 처방받아 옵니다. 항생제를 충분한 기간 복용하면 항생제에 내성이 없는 균들은 죽고, 항생제에 내성이 있는 균들도 우리 몸의 면역 세포들이 같이 싸워 물리칠 수 있죠. 그런데 만약 항생제를 하루 이틀 복용하고 증상이 좋아져 임의로 복약을 중단하면 어떻게 될까요? 이런 경우 내성이 있는 균들이 우세하게 살아남게 됩니다. 또한 내성이 없던 다른 균들에게도 내성을 전달하고, 점점 증식하여 다음에는 같은 항생제로는 치료가 불가능해집니다. 내성 전달은 세균끼리 직접 접합하여 유전자가 섞이면서 이루어지기도 하고, 플라스미드라는 작은 유전자를 전달하여 이루어지기도 합니다. 내성균이 발생하면 기존의 항생제는 더 이상 효과가 없고 더 강한 항생제*를 써야

---

* 여기서 강한 항생제라 함은 내성균을 무력화시킬 수 있는 성분이 들어있는 항생제(예를 들어 아목시실린에 내성을 지닌 균에 대응하기 위해 만들어진 오구멘틴), 좀 더 다양한 세균을 죽일 수 있는 광범위 항생제, 최근에 만들어져 아직 내성이 많이 생기지 않은 항생제 등을 생각할 수 있습니다.

하죠. 만약 이때도 충분히 치료가 되지 않으면 앞에서와 같은 원리로 두 가지 항생제에 대한 내성균이 발생할 수 있지요.

그러니 항생제 사용이 반복될수록, 적절하게 사용하지 않을수록 다제 내성균이 생길 수밖에 없습니다.

우리나라는 하루 1000명당 31.7명에게 항생제가 처방되어 다른 OECD국가에 비해 1.6배 정도 항생제 처방률이 높습니다. 항생제가 필요 없는 감기 등 급성 상기도 감염에도 항생제 처방률이 43~45% 정도로 높지요. 정부에서는 항생제 내성균 확산을 막기 위해 2020년까지 감기에 대한 항생제 처방률을 절반으로 낮춰 OECD 평균 수준으로 떨어뜨리겠다고 하였으나 아직까지 뚜렷한 성과는 없는 상황입니다. 특히 외래를 찾은 소아에게 부적절하게 항생제가 사용되는 비율이 여전히 높다는 연구 결과도 나왔어요. 아이들은 아직 면역력이 완전히 형성되어 있지 않기 때문에 흔한 바이러스성 질환에도 열이 나는 경우가 많습니다. 열이 날 때마다 아이에게 예방적 차원에서 항생제를 반복해서 쓴다면 내성균을 퍼뜨리는 보균자가 될 가능성이 있습니다. 또한 항생제의 오남용은 아이의 체내 유익균의 다양성을 떨어뜨리지요. 체내 유익균의 중요성은 이제 잘 아실 거라고 생각합니다.

사람에게 쓰는 항생제만 문제가 되는 것은 아닙니다. 1940년경 축산업자들과 제약회사는 일반 사료를 먹인 가축보다 항생제가 들어 있는 사료를 먹인 가축들이 더 빨리, 더 쉽게 몸무게가 는다

① 항생제를 충분히 사용한 경우

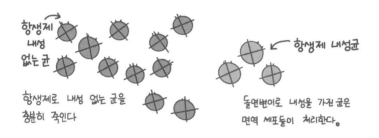

항생제
내성
없는 균

항생제 내성균

항생제로 내성 없는 균을
충분히 죽인다

돌연변이로 내성을 가진 균은
면역 세포들이 처리한다。

② 항생제를 충분히 쓰지 않고 중단한 경우

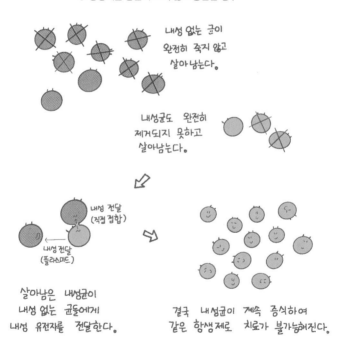

내성 없는 균이
완전히 죽지 않고
살아남는다。

내성균도 완전히
제거되지 못하고
살아남는다。

내성 전달
(직접 접합)

← 내성 전달
(플라스미드)

살아남은 내성균이
내성 없는 균들에게
내성 유전자를 전달한다。

결국 내성균이 계속 증식하여
같은 항생제로 치료가 불가능해진다。

다제 내성균의 발생

는 것을 발견했습니다. 이 때문에 동물들은 아프지 않아도 항생제를 먹어야 했고 무슨 이유에서인지 자꾸 살이 쪘습니다. 아직 다제 내성균에 대한 공포가 크지 않던 시절, 우리나라는 세계에서 육류 생산량당 가장 많은 항생제를 동물들에게 사용했어요. 동물들이 아파서가 아니라 단지 살을 빨리 찌우기 위해서 사료에 항생제를 섞어서 쓴 것이죠. 한마디로 우리는 약간 싼 고기를 얻기 위해 자연계에 내성을 축적시키고 다제 내성균을 키우고 있었던 것이죠.

그러다 다제 내성균 발생이 문제되기 시작했고, 2011년 성장 촉진을 목적으로 사료에 항생제를 섞어 주던 관행이 금지되었습니다. 이후 동물에 대한 항생제 사용량은 2006년 약 1500톤에서 2018년 980톤으로 줄었습니다. 2013년에는 동물 의약분업으로도 불리는, 항생제 20종에 대한 수의사 처방제가 실시되어 항생제 오남용이 개선될 것으로 기대되었습니다.

하지만 우리나라의 축산업은 여전히 공장식 축산 형태이기에 밀집 상태에서 가축들의 집단 폐사를 막기 위해서는 엄청난 양의 예방적 항생제를 쓸 수밖에 없어요. 이런 동물 항생제 오남용은 동물에게만 문제가 되는 것이 아닙니다. 동물의 체내에서 흡수되지 않은 항생제가 분변으로 나와 퇴비로 사용되고, 동물에서 발생한 다제 내성균이 고기 유통 과정이나 적절치 못하게 조리하는 과정에서 사람에게로 옮겨 가 문제를 일으키기도 하죠.

2011년 독일에서 300명이 넘는 사람들이 심한 혈변과 복통을 호소하고, 이 중 14명이 사망한 사건이 있었습니다. 원인을 분석한 결과 다제 내성 대장균 때문이었죠. 이집트에서 재배된 호로파 씨앗과 모종이 다제 내성 대장균에 오염된 상태로 독일로 수출되었고, 전 유럽에서 1000명이 넘는 사람들이 이 대장균에 감염된 것이에요. 초반에 독일에서는 스페인산 오이를 원인으로 잘못 지목하여 독일과 스페인이 서로 다투기도 했습니다.

2014년 미국 일간지 『뉴욕 타임스』에서 보도한 미국 식품의약국의 내부 조사 문건에 따르면 가축에 사용되는 항생제 30종 가운데 18종이 식품을 통해 사람에게도 내성균을 감염시킨다고 해요.

2016년에는 덴마크와 미국의 연구팀이 메티실린 내성 황색 포도상구균MRSA에 감염된 환자를 조사한 결과, 이 균에 감염된 닭이나 칠면조를 먹고 감염된 것으로 드러났어요. 이전에는 감염된 가축에 직접 접촉하는 경우에만 내성균에 감염된다고 생각했는데 식품으로 섭취해도 감염이 된다는 사실이 밝혀졌기에 더 충격이었죠.

오늘날 전 세계에서 매년 70만 명가량이 다제 내성균 감염으로 사망하고 있습니다. 영국 정부와 웰컴 트러스트 생어 연구소의 연구를 바탕으로 한, 짐 오닐의 보고서에 따르면 2050년에 이르면 다제 내성균으로 전 세계 인구 중 1000만 명이 매년 사망할 것으로 예상됩니다. OECD의 조사보고서에도 2015년에서 2050년 사이 유럽과 북아메리카, 오스트레일리아에서만 2400만 명이 다제 내성균으로 사망할 수 있다고 경고하고 있습니다. 우리나라도 다제 내성균의 발생이 점점 늘어 가는 추세입니다. OECD에 따르면 우리나라의 내성균 비율은 35%에 이르는데 이는 아이슬란드나 노르웨이의 5%에 비해 월등히 높은 수준이에요.

지금 문제가 되고 있는 내성균에는 메티실린 내성 황색 포도상구균, 반코마이신 내성 장구균VRE, 카바페넴 내성 장내세균CRE, 다제 내성 그람음성균MDRGNB 등이 있어요. 이런 다제 내성균의 문제는 일상을 살아가는 우리들은 느끼기 힘들 수도 있어요. 하지만 중환자실, 요양 병원, 수술실에서 다제 내성균은 이미 큰 문제가 되고 있습니다. 2019년 9월 『한국일보』 기사에 따르면 다제 내성균 환자는 1만 명에 달하는데 이들을 받아 주는 병원은 턱없이 부족한 상태라고 합니다. 상급 병원에서 수술을 받고 전원을 해야 하는데 카바페넴 내성 장내세균 등 내성균을 보균하고 있는 환자의 경우 격리실이 부족한 요양 병원에서 받아 주지 않는 상황이에요.

항생제, 체내 유익균의 균형을 무너뜨리다

그렇지만 단지 다제 내성균에 대한 공포 때문에 항생제를 오남용하지 않아야 하는 건 아니에요. 완벽한 항생제가 발명되어 다제 내성균 문제를 해결한다면, 우리는 항생제를 마음껏 써도 되는 것일까요?

지구상에는 현재 5×10^{30}마리의 미생물이 존재하는 것으로 추정됩니다. 지구상의 모든 진핵 세포들의 수를 합친 것보다 압도적으로 많은 숫자이지요. 이 많은 미생물들이 모두 우리의 적일까요? 지구 최초의 생명체로서 끊임없이 진화하고 있는 이 미생물들은 미생물끼리 상호 작용도 하지만 식물, 동물, 인간과도 상호 작용을 하며 진화하고 있어요.

대략 3억 5000만 년 전 지구 표면 대기는 산소도 없고, 이산화탄소와 메탄가스로 가득 차 있었어요. 2억 7000만 년 전 남세균이 광합성을 통해 산소를 만들자 지구의 대기가 바뀌기 시작했지요. 미생물이 없었다면 대기 중 산소도 없었을 것이고, 오존층도 존재할 수 없었을 거예요. 그러면 지구 표면의 온도가 55도 이상으로 올라가게 되겠죠. 지금 우리가 지구에서 살 수 있는 가장 기본이 되는 대기와 기온이 미생물 덕인 것입니다. 미생물은 토양도 변화시켰어요. 생명체는 모두 질소를 필요로 하는데 질소는 단백질과 핵산의 기초가 되기 때문이에요. 지구 대기의 80%가 질소이긴 하지만 이것은 생명체가 쓰기 불편한 형태입니다. 그런데 태초의 미생물들이 이 기체 질소를 암모니아 같은 질소 화합물로 바꾸기 시작했죠. 이것을 질소 고정이라고 하는데 초기 식물의 생장에 필수 요소가 됩니다.

우리 인간들도 오랜 기간 미생물을 이용해 왔습니다. 대부분 발효라는 과정을 통해서죠. 발효는 미생물이 산소 없이 당을 분해해서 에너지를 얻는 과정에서 유기산이나 알코올 등이 만들어지는 것을 말합니다. 일반적으로 사람에게 유용한 것을 생산하면 발효라고 부릅니다. 아주 오래전부터 사람들은 포도, 보리, 사탕수수 등을 발효시켜 술을 만들었고, 우유를 발효시켜 치즈나 요구르트를 만들었죠. 옛날에는 발효가 신의 선물이고 맛이 변하는 것은 귀신의 장난 때문이라고 여겼습니다. 이 발효가 미생물에 의해 일어난다는 것을 처음으로 밝힌 사람이 바로 파스퇴르입니다. 이런 사실이 밝혀졌을 때 사람들은 대단한 충격으로 받아들였습니다.

미생물 중 체내 유익균은 앞서 얘기했듯이 우리 몸의 면역 시스템에서도 중요한 역할을 하고 있습니다. 자신의 귀한 숙주인 인체를 지키기 위해 유해균이 들러붙을 자리를 내주지 않고 방어하는 것입니다.

최근 여러 연구들을 통해서 이 체내 유익균의 또 다른 역할들이 알려지고 있어요. 가장 대표적인 연구가 미국의 국립보건원에서 주도하는 인간 마이크로바이옴 프로젝트HMP 와 유럽 연합 집행위원회의 지원을 받는 인체 장내 세균의 유전체 연구 프로젝트Meta-HIT 입니다. 이 프로젝트들의 목적은 건강한 성인에게서 채취한 미생물의 유전적 요소를 알아내는 것이죠. 몸속 세균에 대한 전반적인 조사를 통해, 인간의 몸속에 사는 세균은 많은 부분은 비슷하지만 사람들마다 각각의 고유한 세균을 가지고 있다는 것을 알게 되었어요. 인간이 가진 개성에는 개인의 유전적 개성뿐 아니라 몸속에 공생하는 체내 유익균의 개성까지도 포함되는 것이죠.

체내 유익균의 다양성이 우리의 건강과 어떤 관련이 있을까요? 동물에게 성장 촉진을 목적으로 항생제를 썼다는 것을 앞에서 말씀드렸죠. 그럼 사람에게도 비슷한 영향이 있지 않을까요?

유럽의 메타히트 프로젝트에서 300여 명의 유럽인을 조사한 결과, 대상자의 77%는 평균 약 80만 개의 장내 세균 유전자를 가지고 있었고, 나머지 사람들은 약 40만 개의 유전자만 가지고 있었습니다. 흥미롭게도 유전자 수가 적은 사람일수록 비만이 될 가능성이 높게 나왔습니다. 즉 장내 세균의 다양성이 떨어지는 것이 비만과 관련이 있는 것이죠.

6114명의 건강한 남자아이와 5948명의 건강한 여자아이를 대상으로 돌 이전의 항생제 사용이 체질량 지수에 미치는 영향을 분석한 연구도 있었어요. 생후 6개월 미만에 항생제를 복용했거나 돌 이전에 반복적으로 항생제를 복용한 경우 체질량 지수가 더 높았습니다. 이외에도 체내 유익균의 변화가 비만과 연관되어 있다는 많은 연구 결과들이 나오고 있죠.

체내 유익균과 항생제 사용이 알레르기 질환이나 자가 면역 질환과 관련이 있다는 연구들도 있어요. 7~8세 아이들을 대상으로 돌 이전의 항생제 사용이 알레르기 질환과 연관이 있는지를 연구한 결과에 따르면, 아토피 가족력이 있는 아이에게 돌 이전에 항생제를 반복 사용하면 천식, 아토피성 습진의 위험이 높아진다고 해요. 최근 알레르기와 체내 유익균의 관계에 대해 정리한 논문을 보면 다양하고 건강한 체내 유익균을 가진 아이들의 경우 아토피, 천식, 비염으로 이어지는 알레르기 행진이 시작되는 비율이 낮다고 합니다.

어린 실험용 쥐를 대상으로 항생제의 반복 사용이 제1형 당뇨병 발생에 미치는 영향을 연구한 실험 논문도 있었어요. 제1형 당뇨병은 일종의 자가 면역 질환인데, 인슐린을 분비하는 췌장의 베타 세포가 자가 면역에 의해 파괴되어 생기는 질병이에요. 그런데 생애 초기의 항생제 사용이 장내 세균을 변화시키고 이것이 제1형 당뇨의 발병을 가속시킨다는 결과가 나왔죠. 이외에도 크론병 같은 염증성 장 질환, 제2형 당뇨, 류머티즘 관절염과 같은 여러 자가 면역 질환들이 체내 유익균의 변화와 관련이 있다는 연구들이 나오고 있어요.

아직 정확한 기전이 밝혀지지는 않았지만, 이런 결과들은 생애 초기에 건강하고 다양한 체내 유익균을 형성하는 것이 알레르기나 자가 면역 질환을 예방하는 데 필요하다는 것을 뒷받침하고 있습니다.

체내 유익균과 신경계

최근에는 체내 유익균이 우리 신경계에도 중요한 역할을 한다는 연구 결과들이 나오고 있어 학계를 떠들썩하게 만들고 있습니다. 심지어 2013년에는 무균 지역이라고 생각했던 사람의 뇌에서도 세균이 발견되기도 했습니다. 사람의 장에는 촘촘한 신경망들이 퍼져 있고 이것은 중추신경계인 척수나 뇌와 연결되어 있습니다. 이것을 장뇌축이라고 부르죠. 뇌와 장, 그리고 장내 유익균들은 신호를 주고받으며 서로 영향을 줍니다. 스트레스를 받으면 배가 아프고 변비나 설사가 잘 생기는 분들이라면 그 영향을 이미 느끼고 계실 거예요. 실제로 스트레스는 장내 유익균의 분포도 바꾼다고 합니다. 반대로 장내 유익균의 변화가 중추신경계에 영향을 주기도 합니다. 여러 연구들을 보면 자폐 스펙트럼 장애나 알츠하이머병, 파킨슨병, 조현병, 다발성 경화증 같은 신경계 질환들이 장내 유익균 변화와 관련이 있다고 합니다.

2019년 4월 과학 잡지 『네이처』에는 18명의 자폐 스펙트럼 장애 환자에게 체내 유익균을 이식했더니 증상이 호전되었다는 논문이 실렸습니다. 2019년 5월 『셀』에는 자폐 스펙트럼 장애 환자의 변을 실험 쥐에게 이식했더니 실험 쥐에서 자폐 증상이 발생한 반면, 정상인의 변을 이식했을 때는 증상이 없었다는 연구 결과가 게재되었습니다. 인간과 미생물은 서로에게 얼마나 영향을 미치고 있는 걸까요? 체내 유익균의 역할에 대한 연구는 아직 시작 단계에 불과하고, 얼마나 더 놀라운 결과들이 나올지 기대도 됩니다.

항생제, 현명하게 쓰자

항생제는 꼭 필요한 순간 우리의 생명을 구할 수 있는 귀한 무기입니다. 그런 무기를 그냥 열이 난다는 이유로, 혹은 병이 심해질 것 같으니 예방한다는 목적으로 함부로 쓰면 안 되죠. 항생제 오남용이 반복되면 내성균이 생기고, 내성균이 퍼질수록 우리의 소중한 무기는 쓸모가 없어집니다. 더군다나 우리의 체내 유익균까지 생각한다면 항생제를 현명하게 쓰는 것은 꼭 필요한 일입니다.

의사는 항생제가 필요 없는 가벼운 질환에 항생제를 처방하지 말아야 합니다. 환자는 항생제 처방을 요구하지 않아야 하고, 필요에 의해 처방받은 항생제는 용법에 맞게 복용해야 합니다. 특히 돌 이전의 아이에게는 항생제를 함부로 쓰지 말고 건강한 식생활로 체내 유익균이 제대로 살 수 있는 몸속 환경을 만들어 주어야 합니다.

저는 아이의 상태가 괜찮다면 가급적 하루 이틀 정도는 약을 쓰지 말고 잘 지켜보시라고 합니다. 이것을 '지켜보기 치료법'이라고 부르고 있지요. 지켜보기 치료법은 아픈 아이를 방치하라는 것

이 아니라 아이를 최대한 편안하게 해 주고 항생제나 약물 이외의 조치들을 취하면서 아이의 증상 변화를 면밀히 관찰하는 것이에요. 하지만 이것이 쉽지 않다는 것도 알고 있습니다. 특히 첫아이를 키우는 초보 엄마 아빠라면 더욱 그럴 거예요. 의사가 "괜찮으니 지켜봅시다." 하고 말해도 의사와 환자 사이에 신뢰가 없다면 불안이 가시지 않을 겁니다. 그러니 항생제를 비롯한 약물 오남용을 줄이려면 의사와 환자 사이에 신뢰부터 만들어져야 합니다. 그러려면 환자와 보호자도 같이 공부를 해야 합니다. 항생제 오남용의 문제점이 무엇인지, 아픈 아이를 돌볼 때 어떤 것들을 관찰해야 하는지, 왜 예방 접종을 해야 하는지 알면 의료진과의 소통도 훨씬 잘 될 테니까요.

6장

면역의 최전선,
백신

영양과 위생 상태가 개선되고 항생제를 발견하면서 인류는 더 이상 세균성 질병을 크게 두려워하지 않게 되었습니다. 하지만 사람의 몸은 구석기 시대와 크게 달라지지 않았고, 체내 유익균은 항생제를 쓰면 쓸수록 다양성을 잃게 되지요. 또한 바이러스성 질환에 대해서는 몇몇 항바이러스제가 나와 있긴 하지만 대부분 보존적 치료에 그치고 있어요. 이런 상황에서 우리의 또 하나의 무기, 백신이 없었다면 어땠을까요?

질병에 대항한 인류의 노력, 백신

앞서 인류가 질병과 싸워 온 역사를 이야기하면서 획득 면역을 활용하여 병을 예방하려는 시도가 세균이나 바이러스의 발견보다 앞서 있었다는 것을 말했습니다. 중국이나 인도 등에서 1000년경부터 인두법을 실제로 시행했다는 기록이 있죠. 1700년대에는 영국이나 프랑스에서도 인두법이 사용되었는데, 인두법은 실제 감염이 발생할 위험도 높아 100명 중 한두 명은 인두법 때문에 목숨을 잃었습니다. 영국의 왕 조지 3세의 아들도 인두법 때문에 천연두에 걸려 사망했죠.

공식적인 예방 접종은 제너가 1796년 8세 소년 필립에게 천연두를 예방하기 위해 우두를 접종한 것이 최초입니다. 역사책이나 교과서에서 '제너의 종두법'이라고 한 번쯤은 들어 보셨을 거예요. 지금 생각해 보면 건강한 어린아이에게 실험적으로 접종을 한 셈이니 비윤리적이라고 비난을 받아도 마땅한 일이죠. 물론 당시에도 저항이 만만치 않았습니다. 우두라는 것은 소가 걸리는 천연두 비슷한 질환인데, 이렇게 소가 걸리는 질병을 사람에게 옮기고 있다고 비난이 끊이지 않았고, 우두를 접종하면 사람이 소로 변한다는 소문도 있었습니다. 그렇지만 다행히도 이 실험은 성공적이었습니다. 우두 바이러스와 천연두 바이러스의 유사성 때문에 우두를 접종한 사람들은 천연두에 걸리지 않았죠. 이후 종두법은 전 세계적으로 퍼져 나갔습니다.

하지만 당시만 해도 사실 세균이 무엇인지 바이러스가 무엇인지에 대한 개념은 잡혀 있지 않았습니다. 종두법은 단지 신비한 자연 현상으로만 생각되었어요.

이후 파스퇴르와 코흐의 활약으로 미생물들, 특히 효모와 세균이 발견되었고 이에 대한 본격적인 연구가 이루어졌습니다.

흔히 '파스퇴르' 하면 우유를 떠올릴 텐데, 파스퇴르는 당시 프랑스에서 가장 영향력 있고 인기 있는 과학자였습니다. 노벨상이 제정되기 전이라 노벨상을 수상하진 못했지만 그가 세운 업적은 노벨상을 받고도 남지요. 파스퇴르는 백신의 개념을 정립하고 천연두 이외의 전염성 질환에도 백신을 적용하는 계기를 만들었으며, 실제로 백신의 대량 생산 시스템을 만드는 데까지 기여했습니다. 알려지기로는 '백신vaccine'이라는 말을 처음 도입한 것도 파스퇴르였다고 합니다.

코흐는 잘 모르는 분이 많을 거예요. 하지만 생물학계와 의학계에서는 독일의 의사인 코흐를 미생물학의 효시, 세균학의 아버지로 여깁니다. 코흐는 세균을 실제로 관찰하고 세균학의 기본 틀을 만들었고, 최초로 탄저균, 콜레라균, 결핵균을 발견했습니다. 그 공로로 노벨 생리의학상을 받기도 했지요. 파스퇴르보다 15년 더 오래 산 덕이었죠.

프랑스와 독일의 오래된 라이벌 관계처럼 파스퇴르와 코흐 두 사람도 라이벌 관계였어요. 그래서 서로의 연구에 대해 논쟁하면서 경쟁했고, 결과적으로 세균학과 백신 연구에서 빠른 성과를 낼 수 있었다고 합니다. 파스퇴르는 탄저병 백신과 광견병 백신을 개발하는 데 성공했고, 코흐는 디프테리아 혈청 반응에 대한 연구에 성공했죠. 이 둘은 결핵 백신을 두고도 경쟁을 벌였는데 코흐는 투베르쿨린을, 파스퇴르 연구소는 BCG를 만들어 냈습니다. 결과적으로 투베르쿨린은 백신으로 쓰지는 못하고 결핵에 걸린 적이 있는지를 테스트하는 데만 사용되고 있습니다. BCG는 현재까지도 결핵을 예방하기 위한 목적으로 쓰이고 있어요.

이후 프랑스, 독일, 영국 등 유럽 대륙과 유럽 제국주의의 지배하에 있던 아프리카, 인도의 많은 세균성 질환들이 백신 연구의 대상이 되기 시작했어요. 아프리카의 황열병과 인도의 콜레라가 바로 그것들이죠. 사실 이런 질환을 연구하는 주된 목적은 제국주의 전쟁에 참여하는 군인들에게 접종하기 위해서였어요. 지금 우리가 일상에서 누리고 있는 수많은 과학 발전들 중에는 전쟁의 승리를 위해 시작된 것들이 많죠. 이런 사실이 좀 슬프기도 합니다.

본격적인 백신 개발의 시기로

일상에서, 특히 소아에게 흔한 질환 중에서 가장 먼저 디프테리아 백신이 개발되었습니다.

디프테리아는 디프테리아균이 주로 인두와 편도의 점막에 막을 형성하고 인두 및 후두 폐색, 심근염, 신경염에 의한 마비로 사망에 이를 수도 있는 질환이에요. 독일의 세균학자 에밀 아돌프 폰 베링이 디프테리아 면역 혈청과 독소-항독소 혼합물을 이용한 백신을 발명했죠. 베링은 이 백신 개발 과정에서 획득 면역을 발견한 공로로 생리의학 분야 최초로 노벨상을 받았습니다. 그런데 독소-항독소 백신은 부작용이 많은 편이었어요. 그래서 1924년 파스퇴르 연구소에서 가스통 라몽이 포르말린으로 처리된 변성 독소를 이용해 백신을 만들었습니다. 기존의 독소-항독소 백신보다 안전한 접종이 가능해진 것이죠. 1926년에는 런던의 버로스 웰컴 연구소에서 변성 독소를 체내에 더 오래 머물게 하기 위해 보강제로 알루미늄을 사용하기 시작합니다.

제1차 세계 대전이 끝나갈 무렵 전 세계를 강타한 스페인독감은 인플루엔자 바이러스에 의한 것이었습니다. 인플루엔자 바이러스로 인한 독감이 이전에 없었던 것은 아니에요. 다만 이 스페인독감은 기존의 독감과 달리 젊은 성인들에게 치명적이었습니다. 그 이유는 면역 과잉 반응 때문이라고 알려져 있는데, 영국에서만 이 스페인독감으로 20만 명이 목숨을 잃었습니다. 제1차 세계 대전에서 전쟁으로 죽은 사람이 1500만 명 정도인데 비해 스페인독감으로 사망한 사람이 5000만 명에 가까웠으니 스페인독감의 위력이 어느 정도였는지 짐작이 되실 거예요.

당시에는 아직 바이러스가 무엇인지 몰랐던 시절이라 이 새로운 미생물에 대해 전 세계가 공포에 떨었습니다. 세균을 거르기 위해 통과시키는 필터에 전혀 잡히지 않았기 때문에 초기에는 바이러스를 '여과성 세균'이라고 불렀지요. 이후 세포 속에서만 생존 가능한 이 미생물의 정체가 밝혀지고, 1930년경 결국 인플루엔자 백신을 생산하기 시작하여 1945년부터 대중 접종이 이루어지게 됩니다.

이는 폴리오를 예방하는 백신 생산으로 이어집니다. 폴리오는 엔테로바이러스의 일종인 폴리오바이러스에 의해 발생하는데, 주로 소아의 신경계를 공격해 마비를 일으키는 무서운 질병으로 흔히 소아마비라고 부릅니다. 1916년 뉴욕에서 유행해 9000명의 환자가 발생했고 2300명이 넘는 사람이 목숨을 잃었습니다. 32대 미국 대통령이었던 프랭클린 루스벨트 또한 폴리오를 앓았고 두 다리를 평생 쓸 수 없었지요.(지금의 분석에 따르면 폴리오가 아니라 길랭-바레 증후군이었을 가능성이 더 높다고도 합니다.) 루스벨트 대통령은 국립 소아마비 재단을 창설하고 연구 기금을 모아 백신 개발을 지원했습니다.

폴리오는 기존에 알고 있던 감염병과는 좀 달랐습니다. 위생이나 영양 상태가 좋은 중산층 거주 지역에서 더 기승을 부렸어요. 위생 상태가 좋지 않은 환경에서 태어난 아동은 영아기에 대부분 이 바이러스에 노출되어 가볍게 앓고 자연 면역을 획득했습니다. 반면 위생 상태가 좋은 환경의 아이들은 바이러스 노출 시기가 늦어져 청소년기나 청년기에 감염되었고, 이때 감염되면 뇌와 척수가 손상되면서 마비가 발생하는 합병증이 생기는 것이었죠. 그러니 부모들이 얼마나 이 질병을 두려워했는지 상상이 되실 거예요.

특히 제2차 세계 대전 이후 폴리오 발병이 급증하고 이로 인한 사망자가 1년에 3000명이 넘어가면서 백신 개발에 대한 요구는 더욱 더 높아졌죠. 백신 개발은 쉽지 않았습니다. 수많은 시행착오를 겪어야 했습니다. 결국 경구 투여 생백신이 개발되었고 뒤를 이어 불활성화 폴리오 백신이 세상이 나왔습니다.

폴리오 백신을 도입하자 미국 내 폴리오 발생 건수는 대폭 감소했습니다. 백신 도입 전인 1953년에는 3만 5000여 명에서 도입 후인 1961년에는 161명으로 급격히 줄었지요. 1994년에는 미국에서 폴리오의 박멸이 선언되었죠. 우리나라도 2000년 폴리오 퇴치 국가로 세계보건기구의 인정을 받았습니다. 그렇게 무섭던 폴리오가 이제는 천연두에 이어 두 번째로 박멸 가능성이 높은 질병이 되었습니다.

제2차 세계 대전 이후 백신 개발의 황금기가 찾아옵니다. 1950년대에는 전 세계적으로 홍역을 앓지 않는 아이가 드물었습니다. 항생제가 개발되고 삶의 질이 나아지면서 홍역으로 인한 사망률은 감소했으나 발병률 자체는 여전히 높았습니다. 워낙 광범위하게 발병하다 보니 백신 개발에 대한 요구가 높았습니다. 홍역 백신은 이전의 연구 결과들을 바탕으로 비교적 쉽게 이루어졌습니다. 이후 태아 기형을 일으키는 풍진과 볼거리에 대한 백신이 개발되었고, 이 세 가지 바이러스를 한꺼번에 막을 수 있는 MMR가 세상에 나왔습니다. A형, B형 간염 백신도 추가로 개발되었습니다.

백신 개발 관리, 세계보건기구와 제약회사

백신 개발이 왕성하게 이루어지고 시장이 커짐에 따라 철저한 관리를 요구하는 목소리들이 나오기 시작했고, 백신 개발과 임상 실험에 대한 체계가 잡혀 갔습니다. 백신의 효능이 워낙 드라마틱했기 때문에 국가와 정부가 개입하기 시작한 것입니다. 정부들이 주도적으로 백신 생산을 통제하고 품질을 규제하며 표준화된 검증 기법들을 만들어 냈지요. 이를 위해서는 정확한 정보와 결과 분석이 필요했고, 이때부터 의학 통계와 역학도 같이 발전하기 시작했습니다.

1948년에는 유엔 산하에 세계보건기구(WHO)가 설립됐습니다. 그때까지 여러 백신이 우후죽순 개발되고 있었으나 백신의 품질을 통제하거나 검증하는 국제적 기구는 전혀 없었죠. 세계보건기구는 이에 백신과 약물 등의 품질 표준 수립에 나섰습니다. 1950년대에 이르러서는 의학도 다른 과학과 마찬가지로 연구 결과와 실험적 근거들을 중요히 여기게 되었습니다. 세계보건기구는 각 나라의 보건기구에 가이드라인을 제시하고 이를 지키는지 확인하는 역할도 맡게 되었습니다.

하지만 다른 문제도 있습니다. 선진국에서 필요한 백신은 우선적으로 개발되었지만 가난한 나라에 필요한 백신들은 개발 순위에서 뒤로 밀려났죠. 말라리아나 주혈흡충증 같은 기생충 질환, 이질, 에이즈 같은 질환은 제약회사들의 관심에서 비껴나 있었습니다. 말라리아가 백신을 생산하기 까다로운 탓도 있지만 기본적으로 선진국 국민들의 관심 사항이 아니기 때문에, 즉 돈이 안 되어서이기도 하지요.

물론 백신 개발과 돈의 문제는 쉬운 일이 아닙니다. 다국적 제약회사는 특히 미국의 정책 방향에 따라 규모가 커지게 되었습니다. 1980년대 로널드 레이건 대통령 시절에는 국가가 시장에 최소한만 개입해야 한다는 최소주의 국가 개념이 통용되고 있었습니다. 이에 따라 공영 백신 연구소는 폐쇄되고 민영화됩니다. 이는 다른 유럽 국가들에도 영향을 주었지요. 이로 인해 백신 개발이 민간 제약회사의 손으로 넘어가게 되었습니다. 당연히 민간 제약회사는 이윤을 좇게 되고 특허권도 강하게 요구합니다. 이로 인해 피해를 입는 것은 가난한 국가들, 가난한 사람들이지요. 1980년대 이후부터는 백신 개발이 지적 재산권을 지니고 이로 인해 독점적 생산이 가능해지면서 제약회사들이 백신 사업에 뛰어들게 됩니다. 지금 전 세계의 백신 시장은 2013년 240억 달러, 2025년에는 1000억 달러 규모에 이를 것이라고 합니다. 제약회사들은 100가지가 넘는 새로운 백신을 연구 중이라고 하고요.

어떤 백신을 만들 수 있을까?

백신으로 수많은 감염병을 예방할 수 있다면 모든 감염병에 대한 백신을 전부 다 만들면 되지 않을까 하고 생각할 수도 있습니다. 1년에도 몇 번씩 걸리는 감기나 부모들의 애를 태우는 수족구병에 대한 백신은 왜 없는 걸까요? 그럴 수도 없고, 그럴 필요도 없기 때문입니다.

일단 앞에서 설명했듯이 백신 개발에는 돈과 시간이 많이 듭니다. 최근까지도 백신 하나를 개발하기 위해서는 10~15년 정도의 기간이 걸립니다. 자, 여러분이 백신 개발 담당자라고 상상해 봅시다. 어떤 백신을 만들까요? 네, 돈도 되고 도움도 되는 백신을 만들 겁니다. 그러려면 첫째, 흔하거나 중대한 질병이어야 하고, 둘째, 질병의 보건학적·사회경제적 중요성이 높아야 합니다. 즉 증상이 심하고 합병증이 많아야 하는 것이죠. 그래야만 수요가 높으니까요. 셋째, 그러면서도 백신 개발 가능성이 높아야 합니다. 감기는 원인이 되는 바이러스가 너무 많기 때문에 백신 개발 가능성이 낮습니다. 흔하긴 하지만 증상이나 합병증이 심하지 않기도 하고요. 넷째, 백신으로 만들었을 때 효과가 좋고 부작용이 적어야 합니다.

일단 백신 개발이 이루어진 후에도 몇 단계의 임상 실험을 통해 효과와 안전성을 입증해야만 실제 판매가 가능합니다. 결국 앞의 네 가지 조건을 다 만족하는 백신이 지금 우리가 사용하고 있는 백신들이라고 보면 됩니다.

그렇다면 어떤 감염병은 단 몇 번의 백신 접종만으로 끝나는데 독감은 왜 해마다 접종을 해야 할까요? 이것은 각각의 바이러스나 세균의 특성과 관련이 있습니다. 인류사에서 가장 먼저 예방 접종을 통해 퇴치된 천연두의 경우를 살펴봅시다. 천연두는 수천 년 동안 셀 수 없을 만큼 많은 사람들을 죽게 만들었고, 심지어 남아메리카 원주민들을 말살시켜 세계의 판도를 바꿔 놓은 무서운 질병이었습니다. 하지만 제너의 우두 접종이 전 세계적으로 보편화되고 약 180년 만인 1980년 지구상에서 박멸되었습니다. 천연두 바이러스는 변이를 일으키지 않고 숙주가 인간밖에 없는 특징이 있었습니다. 게다가 한 번 감염된 사람에게는 평생 가는 면역 기억이 생깁니다. 그래서 천연두 바이러스는 2주마다 면역이 없는 다른 사람에게로 옮겨 가지 않으면 안 되었죠. 만약에 감염된 사람의 주변 사람들이 모두 백신을 맞아 항체가 생성되어 있다면 천연두 바이러스는 옮겨 갈 곳이 없어 사라지게 되는 것입니다.

반면 독감을 일으키는 인플루엔자 바이러스는 RNA 바이러스로 끊임없이 변이를 만들어 냅니다. 게다가 사람뿐만 아니라 돼지나 닭, 오리 같은 동물에서도 살 수 있어요. 그리고 종에서 종으로 옮겨 다닐 때 돌연변이가 심하게 일어납니다. 그래서 기존의 인플루엔자 바이러스에 대한 면역 기억을 가지고 있더라도 돌연변이가 일어난 인플루엔자 바이러스에는 소용이 없는 것이죠. 하지만 독감은 감기와 달리 증상과 합병증이 심하기 때문에 백신으로 예방해야 합니다. 세계의 보건 당국들은 스페인독감, 홍콩독감, 신종 플루 등 이 독감 바이러스에 의해 그간 인류가 얼마나 속수무책으로 당했는지 알고 있습니다. 그렇기 때문에 매년 새로운 백신을 개발하고 접종하는 노력을 게을리하지 않는 것입니다.

많은 부모님들이 기다리고 있지만 아직 백신이 개발되지 못한 질병도 있습니다. 특히 수족구병이 그렇습니다. 수족구병은 영아에서 7세 사이, 특히 5세에서 7세 사이 어린이에게서 많이 발생합니다. 여름에서 초가을 무렵 어린이집이나 유치원, 학교를 중심으로 전염되고, 감염되면 입안의 발진으로 인해 아이들이 음식을 잘 먹지 못해 탈수가 생기기도 합니다. 또한 전염성이 높아서 일주일간 격리가 필요하기 때문에 아이도 괴롭고 아이를 돌보는 부모님들도 힘든 질병이죠. 대부분 자연스레 증상이 호전되지만 엔테로바이러스에 의한 수족구병은 신경계 합병증이나 폐출혈 같은 합병증이 생길 수도 있습니다. 수족구병은 2009년부터 지정 감염병으로 감시를 하고 있습니다.

수족구병은 한 가지 바이러스가 아니라 몇 가지 서로 다른 종류의 바이러스가 원인입니다. 그중 가장 합병증 비율이 높은 엔테로

바이러스에 대한 백신이 임상 실험 중이라고 하네요. 물론 그 백신이 상용화되기까지는 한참 시간이 걸릴 테고, 국가 접종으로 포함되느냐는 또 다른 이야기죠. 또 수족구병을 100% 막아 주는 것도 아니고요.

어린아이들에게 모세기관지염을 일으키는 호흡기 세포 융합 바이러스에 대한 백신도 개발 중이지만 아직 효과적인 백신이 나오진 않았습니다. 앞으로 개발이 기대되는 백신들도 많습니다. HIV나 지카 바이러스 백신도 개발 중이고, 모든 독감을 예방할 수 있는 백신도 개발 중이죠. 이외에 에볼라 바이러스나 말라리아 등에 대한 백신들도 개발되기를 바랍니다. 물론 쉬운 일은 아니겠지만요.

생백신과 사백신, 뭐가 다를까?

이쯤에서 백신의 원리를 간단히 짚고 넘어갈까 합니다. 백신은 아시다시피 크게 생백신과 사백신으로 나눌 수 있습니다. 두 가지 모두 베링이 발견한 획득 면역을 이용한 방법입니다. 내재 면역이 처음 보는 적에게도 즉각적으로 반응하는 것에 비해 획득 면역은 작동을 시작하는 데 시간과 경험이 필요합니다. 처음 본 적에게는 반응이 늦는 대신, 두 번째부터는 같은 적에게 똑같이 당하지 않죠.

앞서 미생물에 대한 획득 면역은 두 가지 종류가 있다고 한 것

기억하실 겁니다. B세포에 의한 항체 면역과 킬러 T세포에 의한 세포 면역 말이죠. 감염이나 예방 접종 등으로 면역 자극이 들어오면 활성화된 면역 세포의 5% 정도가 기억 세포로 남는데, 자극이 반복될수록 기억 세포의 수가 늘어납니다. 예방 접종 후에 어떤 종류의 면역 기억 세포가 얼마나 많이 유지되느냐에 따라 예방 접종의 효과나 지속력이 결정됩니다.

생백신은 바이러스나 세균을 완전히 죽이지 않고 우리 몸에 해를 입히지 않을 만큼 약하게 만든 다음에 접종하는 것입니다. 그래서 약하긴 하지만 자연 감염을 비슷하게 겪기 때문에 세포 면역과 항체 면역 모두에서 기억이 생깁니다.

사백신은 살아 있는 상태가 아니라 죽은 바이러스나 세균의 일부 혹은 우리 몸에 해를 입히는 세균의 독소를 변형시켜 접종하는 것입니다. 이 경우 실제로 감염을 일으키는 것이 아니라 미생물의 사체 혹은 일부분을 주입하는 것이라 세포가 감염되지 않기 때문에 킬러 T세포가 반응을 하지 않습니다. 그래서 항체 면역만 가능하죠. 항체 면역은 죽은 미생물이나 단백질 등에도 반응을 일으키거든요. 이 항체 면역도 수지상 세포를 활성화시켜야 생기기 때문에 면역 보강제를 같이 씁니다.

그래서 세포 면역과 항체 면역을 동시에 일으키는 생백신은 접종 횟수가 적고, 항체 면역만 일으키는 사백신은 접종 횟수를 늘려 항체 면역 기억이라도 강화하는 것이죠. 예방 접종표를 잘 관찰해

	생백신	사백신
작동 원리	살아 있는 세균이나 바이러스를 약하게 만들어 주입하여 획득 면역을 유도하는 방법	죽은 세균이나 바이러스 혹은 그 일부를 주입하거나 세균이 내뿜는 독소를 변형시켜 주입하여 획득 면역을 유도하는 방법
종류	세균: BCG 바이러스: MMR, 경구용 폴리오 백신, 일본 뇌염 생백신, 수두 백신, 로타바이러스 백신, 대상 포진 백신, 인플루엔자 생백신(비강 분무)	세균: 폐렴구균 백신, b형 헤모필루스 인플루엔자 백신, 디프테리아·파상풍·백일해 백신(DTaP,Tdap,Td) 바이러스: 주사용 폴리오 백신, 일본 뇌염 사백신, A형 간염 백신, B형 간염 백신, 인플루엔자 사백신, 사람 유두종 바이러스 백신
장점	자연 면역 과정을 그대로 거치기 때문에 항체 면역뿐 아니라 세포 면역도 얻을 수 있다. 1~2회의 접종으로도 충분한 면역력을 가질 수 있다.	기존 항체 여부와 상관없이 접종이 가능하다. 감염을 일으키지 않으므로 면역 저하자에게도 큰 문제없이 접종할 수 있다.
단점	면역 저하자에게는 질병을 일으킬 수 있어 접종이 불가능할 수 있다. 기존에 항체가 있는 경우 면역 형성이 안 될 수 있다.	자연 면역 과정 없이 항체 면역만 얻을 수 있기 때문에 효과 지속 기간이 짧고 이 때문에 반복 접종이 필요하다.

보면 세균성 질환보다 바이러스성 질환에 대한 생백신이 더 많습니다. 앞에서 설명드렸듯이 세균은 세포 내 감염보다 세포 밖 감염을 더 잘 일으키기 때문에 세포 면역보다 항체 면역이 더 효과적이거든요. 우리나라 국가 접종 대상 세균성 질환 중에서 결핵만 유일하게 BCG라는 생백신을 사용하는데, 그 이유는 결핵균이 세포 내 감염을 일으키기 때문입니다. 국가 접종 이외 세균성 질환 중에서는 장티푸스가 생백신을 사용하는데 마찬가지로 세포 내 감염 질환이에요.

우리 아이가 맞는 백신을 알아봅시다

우리나라는 생후 12개월 아이들의 백신 접종률이 96.8%로 다른 나라들에 비해 꽤 높은 편입니다. 국가 접종도 12가지이고, 대부분의 영유아들이 시기별로 영유아 검진을 받기 때문에 예방 접종에 대한 관리도 잘 이루어지고 있습니다. 그런데 때로는 아이가 맞는 예방 접종이 어떤 것인지 잘 모르고 접종하는 경우도 있습니다. BCG나 MMR가 어떤 질병을 예방하기 위한 백신인지, 백신을 맞지 않으면 어떻게 되는지에 대해 잘 모르고, 그냥 병원에서 맞히라고 하니까 맞히는 경우도 많죠. 대부분은 의사와 국가 접종에 대해 신뢰를 갖고 있기 때문이라고 생각합니다. 하지만 의사나 보건 당국을 무조건 믿으라고 하는 것은 때로는 백신에 대한 거부로 이어지기도 합니다. 부모님과 의료진은 아이들을 건강하게 키우기 위한 협력자입니다. 서로에 대한 이해와 신뢰의 바탕을 만들기 위해 예방 접종 내용을 꼼꼼하게 잘 알아보는 것이 필요합니다.

결핵 백신 BCG ✅

- 예방 질병: 결핵성 질환(폐결핵, 장결핵, 임파결핵, 결핵성 뇌수막염)
- 접종 시기: 생후 4주 이내에 1회
- 백신 종류: BCG
- 예방 효과: 신생아기에 접종하면 70~80% 예방 효과

대상 감염병	백신 종류 및 방법	횟수	출생~1개월 이내	1개월	2개월	4개월	6개월	12개월	15개월	18개월	19~23개월	24~35개월	만4세	만6세	만11세	만12세
결핵	BCG(피내용)	1	1회													
B형 간염	HepB	3	1차	2차			3차									
디프테리아 파상풍 백일해	DTaP	5			1차	2차	3차		4차				5차			
	Tdap/Td	1														6차
폴리오	IPV	4			1차	2차	3차						4차			
b형 헤모필루스 인플루엔자	Hib	4			1차	2차	3차	4차								
폐렴구균	PCV	4			1차	2차	3차	4차								
폐렴구균	PPSV	—										고위험군에 한하여 접종				
홍역 유행성이하선염 풍진	MMR	2						1차					2차			
수두	VAR	1						1회								
A형 간염	HepA	2								1~2차						
일본 뇌염	IJEV	5								1~2차		3차		4차		5차
일본 뇌염	LJEV	2								1차		2차				
사람 유두종 바이러스 감염증	HPV	2													1~2차	
인플루엔자	IIV	—										매년 접종				

국가 예방 접종

• 부작용: 국소 부작용(95%), 몸살(75%), 임파염·농양(1~2%), 결핵성 골수
염·파종성 결핵(드물게)

결핵은 결핵균에 의해 발생하고 호흡기를 통해 전파되는 질환
으로 밀접 접촉자의 약 30%가 감염되고 감염자의 약 10%가 평생
에 걸쳐 발병하는 중요한 질병입니다. 보통 결핵이라고 하면 예전
에 못 먹고 못 살던 시절에나 걸리는 병이라고 생각하는 경우가 많
은데, 우리나라는 결핵 발생률이 인구 10만 명당 80명이고 사망률
또한 10만 명당 5.1명으로 OECD 국가 중 가장 높습니다. 2018년
에도 3만 3000명이 넘는 결핵 환자가 발생했죠. 사회경제적 발전
에도 불구하고 여전히 우리나라는 결핵 유병률이 높기 때문에 2주
이상 기침이 계속되면 꼭 진료를 받아야 합니다.

BCG는 현재까지 유일한 결핵 백신이고, 신생아기에 접종하면
70~80%까지 예방 가능합니다. 특히 소아의 속립성 결핵과 결핵
성 뇌수막염 등 중증 결핵에 대한 예방 효과도 큽니다. 하지만 접
종 시기를 놓쳐 나이가 들어서 접종하면 효과가 떨어지는 것으로
보고되어 있습니다.

아이에게 BCG 접종을 시킬 때 부모들이 고민하는 것이 있습니
다. 바로 피내용 백신을 맞힐 것인가, 경피용 백신을 맞힐 것인가
하는 것이죠. 피내용 백신은 피부의 진피층까지 바늘을 꽂아 주사
액을 주입하여 작은 피부 융기를 만드는 방식이라서 흉터가 비교
적 크게 생기는 반면, 경피용 백신은 피부에 주사액을 바른 후 9개

의 바늘이 달린 주사 도구로 두 차례 눌러 주기 때문에 흉터가 거의 생기지 않아서 최근에 부모님들이 선호합니다. 현재 우리나라에서는 피내 접종, 경피 접종 모두 시행되고 있는데, 2018년 이전에는 세계보건기구에서 접종량이 일정하고 정확한 피내 접종을 권장했습니다. 경피 접종은 국가 접종이 아니기 때문에 더 비싼 데다 2018년에는 비소 검출 문제로 논란이 된 적도 있었죠. 2017년에는 피내용 BCG가 부족하여 국가 접종으로도 경피용 BCG를 시행한 적이 있었는데 알고 보니 제약회사에서 비싼 경피용 BCG를 더 팔기 위해 피내용 백신의 수입을 중단했던 것으로 밝혀져 공정거래위원회에서 해당 제약회사를 고발한 사건도 있었습니다. 그렇다고 경피용이 장점이 없는 것은 아니에요. 다회용인 피내용 백신에 비해 경피용 백신은 일회용이라 감염에 대한 우려가 없죠. 2018년에는 세계보건기구에서도 '피내용 BCG를 권장한다'는 문구를 삭제하기도 했습니다.

B형 간염 백신 ✅

• 예방 질병: 급성 및 만성 B형 간염, 간경화, 간암

• 접종 시기: 생후 0, 1, 6개월(총 3회)

• 백신 종류: 유전자 재조합 사백신(헤파박스-진티에프주, 유박스비주, 헤파뮨주)

• 예방 효과: 정규 스케줄에 따라 접종 시 90% 이상

- 부작용: 국소 부작용(10% 이상)

- 주요 첨가물: 알루미늄

B형 간염은 B형 간염 바이러스에 의해 발생하는 질환입니다. 주로 엄마에서 아이로 이어지는 수직 감염이 문제가 되는데, 수직 감염의 경우 만성 간염으로 진행되는 비율이 90%에 이릅니다. 만성 B형 간염 환자의 약 25%가 간경화나 간암으로 사망합니다. 우리나라는 B형 간염 바이러스 보균자가 B형 간염 백신이 상용화되기 전인 1980년대에는 8~10%에 이르렀으나, 2016년 기준 10세 이상 인구의 3%로 감소했습니다. 하지만 2% 미만인 미국이나 유럽 국가들에 비해 여전히 높은 수준이죠. 게다가 만성 간염이나 간경병증 환자의 약 70%, 간암 환자의 65~75%에서 B형 간염 바이러스가 검출된다고 하니 꼭 예방해야 할 질병임에는 틀림없습니다.

아기가 태어나자마자 가장 먼저 접종하는 백신이 바로 B형 간염 백신이에요. 우리나라의 B형 간염 유병률이 높기 때문에 혹시라도 이른 시기에 B형 간염 바이러스 보균자와 접촉하더라도 이른 시기에 감염되지 않도록 하기 위해서입니다. 감염될수록 만성화율이 높고, 만성 간염이 되면 간경화나 간암의 위험이 높아지니까요.

디프테리아, 파상풍, 백일해 백신 DTaP ✅

- 예방 질병: 디프테리아, 파상풍, 백일해

- 접종 시기: 생후 2, 4, 6개월, 15~18개월, 만 4~6세(총 5회)

- 백신 종류: 사백신(보령디티에이피백신주)

- 예방 효과: 디프테리아 97%, 파상풍 거의 100%, 백일해 85% 예방 효과

- 부작용: 발열(25%), 국소 부작용(25%), 늘어지거나 보챔(10~30%), 구토 (2%)

- 주요 첨가물: 알루미늄, 포름알데히드

파상풍을 일으키는 파상풍균은 보통 흙이나 동물의 대장 속에서 살고 사람의 상처를 통해 감염됩니다. 감염되면 파상풍균이 독소를 만들어서 내뿜는데, 이 독소가 척수를 타고 운동 중추에까지 들어가면 엄청난 근육 경직이 일어납니다. 회복되기까지 한 달 이상 걸리고, 증상이 사라진다고 해도 손상된 신경이 회복되기까지는 평생이 걸립니다. 세계보건기구 통계에 의하면 2017년 한 해 동안 3만 명 이상의 신생아가 파상풍으로 사망했습니다. 특히 지진이나 해일 등의 큰 재해가 발생하면 단기간 내에 많은 환자가 발생하지요. 2011년 동일본 대지진 때에도 다수의 파상풍 사례가 보고되었는데, 당시 파상풍 국가 접종을 하지 않은 성인 환자가 많았다고 합니다. 우리나라에서도 파상풍 환자가 최근까지도 한 해 20명 이상 꾸준히 발생하고 있고, 2018년에도 31명의 환자가 발생했습니다. 파상풍은 일단 발병하면 치명적이지만 백신으로 예방이 가능하기 때문에 꼭 접종을 해야 합니다.

디프테리아는 처음에는 목이 아프고 몸살이 나고 열이 나는 등 흔한 목감기 같지만, 나중에 하얀 막이 목구멍과 호흡 기관을 덮어

숨쉬기가 힘들어지는 질병입니다. 디프테리아균도 파상풍균과 마찬가지로 독소를 생산하는데 이 독소가 혈액 속으로 들어가 심장과 신경계, 신장에 손상을 줍니다. 디프테리아 백신이 없던 시절에는 전체 아이들의 10%가 디프테리아에 걸렸고 이 중 5~10%가 사망했습니다. 다행히 최근 우리나라에서는 디프테리아 환자가 보고되지 않고 있습니다.

백일해는 백일해균에 의한 호흡기 질환입니다. 백일 동안이나 심한 기침을 한다고 '백일해'라고 부르지요. 백일해는 기침할 때 나오는 비말로 전염되는데 전염력이 아주 높습니다. 백신이 도입되기 전에는 돌 전 영유아, 특히 4개월 미만의 신생아들이 백일해로 사망하는 경우가 많았습니다. 미국 통계에 따르면 1934년에는 25만 명이 백일해에 걸렸으나 백신이 도입되고 30년이 지난 1976년에는 1010명만 감염되었습니다. 그런데 최근 들어 백일해 환자가 늘어나고 있습니다. 우리나라 통계에 따르면 2009년 백일해 발생 환자가 66명이었는데 2018년에는 980명에 이릅니다. 어렸을 때 맞았던 DTaP의 효과가 청소년기에 줄어드는 데다 감염을 일으키는 백일해균의 유전형이 바뀌는 것 등이 원인으로 지목되고 있습니다. 그래서 만 11세경 Td 대신 Tdap을 맞는 것이 권고되고 있고, 성인도 Tdap 접종을 하지 않았으면 백신을 맞도록 권하고 있습니다. Td는 DTaP 기초 접종을 한 사람에게 파상풍과 디프테리아만 추가로 접종하는 백신이고, Tdap은 DTaP에서 디프테리아 용량을 줄인 백신으로 백일해가 포함되어 있습니다.

폴리오 백신 IPV ✅

- 예방 질병: 소아마비
- 접종 시기: 생후 2, 4, 6개월, 만 4~6세(총 4회)
- 백신 종류: 사백신(코박스폴리오PF주, 이모박스폴리오주, 아이피박스주)
- 예방 효과: 정규 스케줄에 따라 접종 시 95% 이상
- 부작용: 사백신의 경우 국소 부작용 이외 특별한 부작용 없음
- 주요 첨가물: 포름알데히드, 네오마이신, 스트렙토마이신, 폴리믹신

우리가 흔히 소아마비라고 부르는 폴리오는 폴리오바이러스에 감염되어 발생하는 질병으로, 폴리오바이러스가 우리 몸의 신경계를 공격하여 사지에 회복 불가능한 마비를 가져오며, 감염자의 5~10%가 호흡 근육 마비로 사망하는 무서운 질병입니다. 위생 상태가 좋지 않던 시절에는 6개월 이하의 영아들 대부분이 감염이 되어 증상도 경미하게 넘어갔습니다. 생후 6개월까지는 엄마에게 받은 항체가 보호해 주기 때문이죠. 하지만 오히려 위생 상태가 개선되면서 영아기에 감염되는 아이들이 줄어들고 나중에 청소년기나 청년기에 감염되어 심한 마비 증상을 겪는 경우가 늘어났습니다. 1916년 미국 대유행 시기에는 한 해 동안 2만 7000명이 마비 증상을 일으켰고 그중 6000명이 사망했습니다. 이 때문에 부랴부랴 폴리오 백신이 개발되었지요. 세계보건기구에 따르면 1988년

에는 전 세계적으로 연간 35만 명의 폴리오 환자가 발생했으나 예
방 접종 시행 후 급격히 줄어들어 2018년에는 33명에 그쳤다고 합
니다.

폴리오 백신에는 경구용 생백신과 주사용 사백신이 있습니다.
우리나라에서는 생백신의 부작용에 대한 우려로 불활성화 사백신
만 사용하고 있습니다. 불활성화 과정에서 소량의 포름알데히드
가 쓰입니다.

폐렴구균 백신 ✅

- 예방 질병: 폐렴구균에 의한 폐렴, 뇌수막염, 중이염 등
- 접종 시기: 생후 2, 4, 6개월, 생후 12~15개월(총 4회)
- 백신 종류: 사백신(프리베나13주, 신플로릭스프리필드시린지)
- 예방 효과: 2세 미만에서 심한 폐렴구균 감염 80% 감소
- 부작용: 국소 부작용(3~38%), 발열(15~44%), 심한 열이나 부종(2.5%
  미만)
- 주요 첨가물: 알루미늄

폐렴은 전 세계적으로 어린이 질병 사망의 가장 큰 원인이에요.
세균성 폐렴 중 가장 흔한 것이 바로 이 폐렴구균 폐렴입니다. 폐
렴구균 폐렴에 걸리면 폐삼출, 농흉, 괴사성 폐렴, 기흉 같은 합병
증이 생길 수 있습니다. 특히 2세 미만에서 폐렴구균에 감염되면
증상도 심하고 위험성도 높습니다. 그래서 이른 시기에 반복 접종

을 하는 것이에요. 폐렴구균 국가 접종이 시행된 후 접종을 하지 않은 노인들에서도 감염률이 줄어드는 집단 면역이 발생했습니다. 백신의 집단 접종이 사회적으로 어떤 효과가 있는지 뚜렷하게 보여준 사례이죠.

b형 헤모필루스 인플루엔자 백신 Hib ✅

- 예방 질병: b형 헤모필루스 인플루엔자균 감염에 의한 뇌수막염, 후두개염, 중이염
- 접종 시기: 생후 2, 4, 6개월, 12~15개월(총 4회)
- 백신 종류: 사백신(악티브주, 유히브주)
- 예방 효과: 정규 스케줄에 따라 접종 시 95% 이상
- 부작용: 국소 부작용(25%), 설사, 구토, 식욕 부진

b형 헤모필루스 인플루엔자균은 세균성 뇌수막염의 가장 흔한 원인균입니다. 세균성 뇌수막염에 걸리면 사망할 수 있고, 사망하지 않아도 청력 저하, 경련, 마비나 지적 장애 등의 신경계 합병증이 흔합니다. 뇌수막염 이외에도 후두개염, 폐렴, 화농성 관절염을 일으키는 세균이에요. b형 헤모필루스 인플루엔자 백신이 아직 도입되지 않은 나라에서는 b형 헤모필루스 인플루엔자 감염이 소아 뇌수막염과 후두개염, 성인 폐렴의 주요 원인입니다. 폐렴구균 백신과 마찬가지로 국가 접종 후 집단 면역이 발생하고 있습니다.

홍역, 유행성 이하선염, 풍진 백신 MMR ✔

- 예방 질병: 홍역, 유행성 이하선염, 풍진
- 접종 시기: 생후 12~15개월, 만 4~6세(총 2회)
- 백신 종류: 생백신(MMRII주, 프리오릭스주)
- 예방 효과: 정규 스케줄에 따라 접종 시 99%에 달함
- 부작용: 발열(5~15%), 발진(5%), 임파선증(5%), 관절 부작용(7~21%), 혈소판 감소증(드물게)
- 주요 첨가물: 네오마이신, 젤라틴, 계란 알부민

홍역은 홍역 바이러스에 의해 발생하는 질병입니다. 고열과 특징적인 발진이 생기고 설사나 중이염, 기관지염, 폐렴이 합병증으로 생깁니다. 홍역은 전염률이 아주 높아 근접 접촉 시 90% 이상 감염되고, 백신이 없던 시절에는 연간 2백만 명이 홍역으로 사망했습니다. 최근에도 홍역은 주요 어린이 사망 원인입니다.

유행성 이하선염 바이러스에 감염되면 발열, 두통과 함께 침샘이 부어오르고 통증이 심합니다. 특히 귀밑 침샘이 감염되어 부풀어 오르면 마치 볼이 통통하게 부은 것처럼 보이기 때문에 볼거리라고도 부릅니다. 침샘뿐만이 아니라 뇌수막염, 고환염이나 난소염, 췌장염과 난청이 합병증으로 발생합니다.

풍진 바이러스에 의한 풍진은 열과 발진, 임파선염이 생기고 관절염이 생길 수도 있습니다. 이미 건강하게 태어난 아이에게는 크게 문제를 일으키지 않지만 임신부가 감염되면 태아가 사망하거

나 선천성 풍진 증후군이 생깁니다. 선천성 풍진 증후군은 청력 저하, 지적 장애, 심장 기형, 백내장, 녹내장 등을 동반합니다. 그래서 임신 전 꼭 항체 생성 여부를 확인하고 항체가 없을 경우 백신을 접종해야 합니다. 1993년에 그리스에서 풍진이 유행했는데 당시 그리스의 MMR 접종률은 50% 미만에 불과했고 이 때문에 10만 명당 25명의 아기가 기형으로 태어났습니다.

1998년 앤드루 웨이크필드라는 영국의 의사가 MMR 접종이 자폐와 관련되어 있다는 발표를 해 큰 논란을 불러일으켰습니다. 논란의 여파로 MMR 접종률이 낮아지면서 미국과 유럽을 중심으로 홍역이 재유행하고 있습니다. 우리나라는 세계보건기구로부터 2014년 홍역 퇴치 국가로 인증받았으나 해외 여행객들에 의한 바이러스 유입이 간간히 발생하고 있습니다. 2019년에는 대전에서도 영유아들에게 홍역이 발생했었죠. 만약 살고 있는 지역에 홍역이 유행한다면 가속 접종이 필요할 수 있습니다. 가속 접종이란 최소 접종 연령과 접종 간격을 지키는 선에서 접종 시기를 앞당기는 것을 말합니다.

수두 백신 ✅

- 예방 질병: 수두 바이러스에 의한 연조직 감염, 폐렴, 간염, 뇌염
- 접종 시기: 생후 12~15개월에 1회
- 백신 종류: 생백신(수두박스주, 바리엘백신주, 스카이바리셀라주)

- 예방 효과: 전체 수두는 80%, 심한 수두는 99% 이상 예방 효과
- 부작용: 국소 부작용(20%), 발진(1~3%), 발열(15%), 경련, 수두 감염, 뇌수막염(드물게)
- 주요 첨가물: 젤라틴, 네오마이신

수두는 수두-대상 포진 바이러스에 의해 생기는 질병이에요. 발열, 두통, 작고 가려운 수포가 주증상이고, 소아보다 성인에서 증상이 심하게 나타나지요. 특히 임신부나 면역 저하자가 감염되면 문제가 큽니다. 임신부가 수두 바이러스에 감염되면 선천성 수두 증후군을 비롯한 태아 기형이 생길 수 있고, 면역 저하자에서는 뇌염이나 폐렴이 합병될 수 있습니다. 수두 백신이 생백신이기 때문에 면역 저하자에게는 접종할 수 없습니다.

2018년에 진주 초등학교 2곳에서 수두가 집단 유행하여 130여 명이 발병한 적이 있었죠. 최초 발병한 아이는 백신 미접종자였으나 이후 수두에 걸린 아이들은 접종자라고 합니다. 그래서 수두 접종이 물접종이니 하면서 효과가 없다는 말도 나왔죠. 하지만 백신 접종을 한 아이들이 접종을 하지 않은 아이보다 수포 수도 적고 더 빨리 회복되는 등 중증 질환자 수는 적었습니다. 2회 접종을 하면 항체 생성률이 더 높아지는 것으로 알려져 있어 이에 대한 고려도 필요할 것입니다. 현재 미국, 캐나다, 독일 등에서는 2회 접종을 하고 있습니다.

얼마 전 안아키라는 인터넷 카페의 운영자가 자연 면역이 좋다

며 서로 수두를 옮겨 주는 수두 파티를 권장하여 논란이 된 적이 있었습니다. 자연 면역이 백신 접종을 통한 면역보다 더 좋다는 근거는 없습니다. 대부분의 수두가 특별한 합병증 없이 지나가기는 하지만 일부 고위험군에게는 치명적일 수 있고 우리나라처럼 인구가 밀집한 곳에서는 집단적으로 발병할 수 있습니다. 근거 없는 주장으로 대중을 선동하는 무책임한 행동이 아닐 수 없습니다.

A형 간염 백신 ✅

- 예방 질병: 급성 A형 간염
- 접종 시기: 만 12개월 이후 6개월 간격으로 2회
- 백신 종류: 사백신(하브릭스주, 아박심80U소아용주, 박타프리필드시린지, 박타주)
- 예방 효과: 2회 접종 시 100% 가까이 항체 생성
- 부작용: 국소 부작용(10% 이상), 발열, 기운 없음(10% 이상), 발진, 몸살, 복통, 설사(1~10%)
- 주요 첨가물: 알루미늄

A형 간염은 A형 간염 바이러스에 의한 질병으로 간세포에 급성 염증이 생겨 간 기능 저하, 황달, 간 부전이 생길 수 있습니다. 대부분의 정상 면역자는 합병증 없이 회복되고 6세 미만 아이의 70%는 무증상으로 지나간다고 합니다. 위생 상태가 좋지 않았던 과거에는 대부분의 사람들이 어린 시절 A형 간염을 앓고 자연 면역이

생겼습니다. 하지만 위생이 개선되면서 오히려 A형 간염 바이러스에 노출이 줄어들고 자연 항체를 가지고 있는 인구가 줄고 있죠. 최근까지도 전 세계적으로 한 해에 140만 명가량이 A형 간염에 걸립니다. 우리나라에서도 2019년 30~40대 성인을 중심으로 1만 7000명이 넘는 사람이 급성 A형 간염에 걸렸습니다. 그 원인으로 조개젓이 지목되었죠. 이처럼 위생 관리가 급성 A형 간염 예방에 중요합니다. 우리나라는 2012년 이후 출생자부터 국가 접종을 시작하였기 때문에 이전 출생자의 경우 나이에 따라 항체 검사나 접종이 필요할 수 있습니다. 부모님들 중에서도 접종력이나 항체 여부가 확인되지 않은 분들은 상담을 받으셔야 합니다.

일본 뇌염 백신 ✅

- 예방 질병: 일본 뇌염
- 접종 시기: 사백신의 경우 생후 12개월 1차, 1~2주 뒤 2차, 12개월 뒤 3차, 만 6세 4차, 만 12세 5차(총 5회)

  생백신의 경우 생후 12개월 1차, 1년 뒤 2차(총 2회)
- 백신 종류: 사백신(녹십자-세포배양일본뇌염백신주, 보령-세포배양일본뇌염백신주), 생백신(씨디제박스, 이모젭주)
- 예방 효과: 정규 스케줄에 따라 접종 시 항체 생성률 94~96%
- 부작용: 사백신의 경우 국소 부작용(20%), 두통, 미열, 근육통(10~30%)
- 주요 첨가물: 알루미늄, 젤라틴, 젠타마이신(씨디제박스)

일본 뇌염은 작은빨간집모기가 옮기는 일본 뇌염 바이러스에 감염되어 발생하는 질병입니다. 작은빨간집모기가 서식하는 우리나라와 일본을 비롯한 동아시아 지역에서만 발생하는 일종의 풍토병이죠. 일본 뇌염에 걸리면 발열, 설사, 두통, 구토에 이어 의식이 떨어지고 몸이 마비되거나 경련이 일어날 수 있습니다. 이상한 말을 하거나 평소와 다르게 행동하는 증상도 생기는데 한국 전쟁 당시 파병된 미군들이 일본 뇌염에 감염되어 이상 행동을 보이자 처음에는 전쟁 스트레스로 인한 것인 줄 알았다고 합니다. 나중에야 뇌염 증상으로 밝혀졌죠. 심한 뇌염에 걸리면 사망률이 20~30%에 이르고 회복 후에도 30~50%에서 운동 신경 마비, 인지 장애, 정신 장애와 같은 심각한 합병증이 발생합니다. 물론 작은빨간집모기에 물린다고 해서 모두 뇌염이 발생하는 것은 아닙니다. 하지만 전 세계에서 매년 6만 명 이상이 일본 뇌염 바이러스에 감염되고, 우리나라에서도 해마다 환자가 발생하고 있습니다. 2015년에는 40명의 환자가 발생하기도 했습니다.

사백신의 경우 이전에는 쥐 뇌 조직 백신을 썼으나 현재는 세포 배양 백신으로 대체되었고 세포 배양 백신에는 티메로살이나 알루미늄이 포함되어 있지 않습니다. 생백신 중 세포 배양 백신인 이모젭주는 아직 국가 접종에 포함되지 않았으나 알루미늄이 포함되어 있지 않기 때문에 여기에 대해 걱정하는 부모님은 참고하시면 되겠습니다.

사람 유두종 바이러스 백신 HPV ✓

- 예방 질병: 자궁 경부암, 성기 사마귀, 외음부 종양
- 접종 시기: 만 12~13세 사이 6개월 간격으로 2회
- 백신 종류: 사백신(가다실프리필드시린지, 서바릭스프리필드시린지, 가다실9프리필드시린지)
- 예방 효과: 접종 균주에 대해 항체 생성률 93~100%, 암 예방률 44~53% (사람 유두종 바이러스에 감염되지 않은 상태에서 접종하면 93~100% 예방 가능)
- 부작용: 국소 부작용(80%), 접종 후 실신
- 주요 첨가물: 알루미늄

사람 유두종 바이러스는 자궁 경부암을 비롯해 성기 사마귀, 질과 외음부 종양을 일으키는 바이러스입니다. 사람 유두종 바이러스 백신은 사람 유두종 바이러스 중 16, 18번 등 암을 일으킬 가능성이 높은 몇 가지 바이러스에 대항하는 백신이죠. 자궁 경부암은 2016년 기준 발생자 수가 약 3500명이고 사망자 수는 약 1300명에 달합니다. 사람 유두종 바이러스 백신은 어릴 때 사람 유두종 바이러스에 노출되기 전 접종할수록 예방 효과가 높습니다. 물론 접종을 완료했더라도 주기적으로 세포진 검사를 해야 합니다.

일부 커뮤니티에서 사람 유두종 바이러스 백신의 부작용 사례들이 돌고 있는 것을 보았습니다. 일본에서 2013년 백신 접종 후 보행 장애, 복합부위 통증 증후군CRPS 등을 호소한 이상 반응 사례

가 있었던 것이죠. 이에 대해 일본 후생노동성은 접종 대상자의 심리적 불안과 긴장에 의한 것으로 잠정 결론을 내리고 사람 유두종 바이러스 백신에 대한 국가 지원을 계속하고 있습니다. 복합부위 통증 증후군은 사람 유두종 바이러스 백신 접종으로 인해 특별히 생기는 것이 아니라 통증을 일으키는 어떤 행위에서도 비슷한 정도로 생길 수 있습니다. 또한 사람 유두종 바이러스 백신이 불임을 유발한다고 하여 논란을 일으켰던 2018년의 한 논문은 기초적인 보정이 잘못된 것으로 밝혀져 논문 게재가 취소되기도 했습니다.

인플루엔자 백신 ◎

- 예방 질병: A, B형 인플루엔자 바이러스에 의한 급성 호흡기 질환, 폐렴, 뇌증, 척수염, 라이증후군
- 접종 시기: 생후 6개월 이후 매년 인플루엔자 유행 전 1회 접종. 단 첫 접종 시 한 달 간격으로 2회 접종
- 백신 종류: 사백신(3가 백신, 4가 백신), 생백신(플루미스트)
- 예방 효과: 보통 70% 정도의 예방 효과가 있으며, 특히 65세 이상의 연령층과 고위험군에서 사망률을 감소시킴
- 부작용: 국소 부작용(15~20%), 계란 알레르기, 길랭-바레 증후군(드물게)
- 주요 첨가물: 계란 단백질(최근 생산하는 세포 배양 백신에는 없음)

흔히 '독감'이라고도 부르는 인플루엔자는 인플루엔자 바이러스에 의한 급성 호흡기 질환으로 감기와는 차원이 다른 질병입니

다. 매년 전 세계적으로 유행을 일으키며 유행이 시작되면 2~3주 내에 인구의 10~20%가 감염될 정도로 전염성이 대단합니다. 고열, 두통, 근육통이 구역감, 기침, 인후통과 동반되고 기관지염, 폐렴이나 급성 호흡부전증, 뇌증, 라이증후군이 합병증으로 발생할 수 있습니다. 합병증이 발생하면 사망에 이르기도 합니다. 우리나라에서도 2018년 기준 200만 명 이상이 인플루엔자로 진단받았고, 700명이 인플루엔자로 사망한 것으로 추정됩니다. 인플루엔자 바이러스는 A, B, C형이 있는데 사람에서는 A형과 B형이 주로 유행합니다.

3가 백신은 A형 인플루엔자 바이러스 두 가지H1N1, H3N2와 B형 인플루엔자 중 빅토리아형의 항원이 포함되어 있고, 4가 백신은 3가 백신에 B형 인플루엔자 바이러스인 야마가타형 항원이 추가되어 있습니다. 인플루엔자 바이러스는 RNA 바이러스이기 때문에 유전자 변이가 잘 생깁니다. 특히 A형 인플루엔자 바이러스는 사람뿐 아니라 돼지나 조류를 오가며 감염을 일으키기 때문에 유전자 대변이가 생길 수 있고, 이 때문에 인플루엔자 대유행의 원인이 됩니다. 2009년 우리나라를 강타한 신종플루도 A형 인플루엔자의 대변이 때문에 생긴 것이죠.

우리나라에서는 보통 매년 10월경부터 독감 유행이 시작되는데 유행 시작 2주 전에는 접종을 하는 것이 좋습니다. 만 6개월에서 12세까지의 소아와 만 65세 이상 어르신들을 대상으로 3가 백신의 국가 접종이 이루어지고 있습니다. 보통 6개월에서 36개월 사이의 어린이들은 3가 접종을 권유하고 있으나 4가 백신 중 이 시기에 접종 가능한 것이 일부 있습니다.

계란 알레르기가 있다면 세포 배양 백신을 선택하는 것이 좋습니다. 생백신인 플루미스트는 주사제가 아니고 코에 뿌리는 것인데 만 24개월 이상부터 만 49세 이하까지의 대상자에게 허가되어 있습니다. 임신부에서는 금기이고, 효과에 대한 논란이 있었습니다. 독감 접종을 해야 하는데 주사가 두려워 절대 못 하겠다 싶을 때 고려해 볼 수 있습니다.

엄마 아빠도 예방 접종을 해야 해요

지금까지 소아 예방 접종을 위주로 살펴보았습니다. 하지만 어른이라고 예방 접종이 필요 없는 건 아니에요. 특히 아이를 임신하고 출산하는 엄마와 아이를 같이 돌보는 아빠는 질병에 걸리면 아이에게 치명적인 영향을 줄 수 있기 때문에 더욱 건강 관리를 잘하셔야 합니다. 또한 요즘은 조부모님이 아이를 돌봐 주시는 경우가 많고, 노인들도 백신으로 예방할 수 있는 질병이 있기 때문에 이에 대해 알아 두면 좋을 것 같습니다.

임신 준비 기간에 챙겨야 할 예방 접종 ✅

홍역, 유행성 이하선염, 풍진 백신 MMR • 풍진은 기형을 유발할 수 있기 때문에 임신 전 항체 여부를 꼭 확인해야 합니다. 가임기 여성은 풍진 항체 검사 후 항체 양성이 아니라면 이전에 접종을 했더라도 MMR 백신을 1회 더 접종합니다. 접종 후 항체가 형성될 때까지 4주간은 피임해야 합니다.

수두 백신 • 수두 또한 기형을 유발할 수 있기 때문에 임신 전 항체 여부를 확인해야 합니다. 이전에 수두를 앓은 기억이 없거나 접종 이력이 없는 1970년 이후 출생자는 항체 검사 후 항체가 없으면 4~8주 간격으로 2회 접종해야 합니다. 마찬가지로 수두 접종 후 4주간 피임해야 합니다.

디프테리아, 파상풍, 백일해 백신 • 어릴 때 DTaP로 기초 접종을 한 경우 Tdap를 1회 추가 접종하고 이후 매 10년마다 Td를 접종합니다.

인플루엔자 백신 • 임신부는 독감에 걸리면 증상도 심하고 합병증도 심합니다. 인플루엔자 유행 시기인 10~2월 이전에 사백신으로 접종합니다.

A형 간염 백신 • 최근 A형 간염이 유행하고 있습니다. 임신 중 A형 간염에 걸리면 합병증 위험이 있으므로 만 19~39세 사이는 항체 검사 없이 6개월 이상 간격으로 2회 접종하고, 만 40세 이상 성인의 경우 항체 검사 후 음성이면 2회 접종을 권장합니다.

B형 간염 백신 • 임신부가 B형 간염에 걸리면 아이에게 수직 감염이 되고, 이는 만성 B형 간염으로 이어져 간경변증과 간암의 원인이 됩니다. 항체가 제대로 형성되려면 3회 접종이 필요하기 때문에 B형 간염 표면 항체가 없으면 임신 전 접종합니다. 특히 배우자가 B형 간염 보균 상태라면 꼭 접종합니다.

사람 유두종 바이러스 백신 • 임신 기간에 자궁 경부암 진단을 받으면 태아에게 영향을 줄 수 있습니다. 예방 접종을 하지 않은 만 26세 이하 여성, 혹은 만 27세 이상이나 성생활을 시작하지 않은 여성, HPV 노출 기회가 적은 여성은 임신 전에 3회 접종합니다. 서바릭스 2가 접종은 0, 1, 6개월 간격이고 가다실 4가와 9가는 0, 2, 6개월 간격입니다.

임신 중 꼭 해야 하는 예방 접종 ✅

인플루엔자 백신 • 임신부가 인플루엔자에 걸리면 일반 환자에 비해 증세가 더 심하고 합병증, 사망률 모두 증가합니다. 임신 38주 이후에 백신을 접종하면 출산 6개월까지 아기도 독감에 잘 걸리지 않으므로 엄마뿐 아니라 아기를 위해서도 필요합니다.

디프테리아, 파상풍, 백일해 백신 • 임신 전 접종력이 없는 경우 임신 27~36주 사이 접종하고 이때 접종하지 못하면 분만 후 신속히 접종합니다. 최근 백일해의 발병률이 급속히 증가했는데 생후 12개월 미만의 영아에서 높은 사망률을 보였고, 특히 3개월 미만 영아 사망이 전체의 70%를 차지했다고 합니다. 우리나라 예방 접종 스케줄은 생후 2, 4, 6개월에 DTaP를 접종하게 되어 있는데 백일해의 경우 3회 기초 접종이 되어야 예방 효과가 생기기 때문에 생후 6개월까지는 엄마로부터 받은 보호 항체가 없으면 백일해에 대항할 수가 없습니다. 우리나라도 2018년 백일해 유행 이후 임신부에게 백일해 접종을 권고하고 있습니다.

임신 중 경우에 따라 고려해야 하는 예방 접종 ✅

B형 간염 백신 • 임신부에게 항체가 없고 배우자가 B형 간염 바이러스 보균 상태라면 임신 중에라도 백신 접종을 하도록 권하고 있습니다. 또한 임신부가 B형 간염에 감염되어 있으면 아이가 태어나자마자 B형 간염 1차 접종을 하고 생후 12시간 이내에 면역 글로불린을 접종해야 합니다.

임신 중 절대 접종해서는 안 되는 예방 접종 ✅

생백신들 MMR, 수두 백신, 대상 포진 백신, 인플루엔자 생백신, 일본 뇌염 생백신 • 앞에서 설명했듯이 생백신은 바이러스나 세균을 완전히 죽이지 않고 약하게 만든 후에 접종하는 것입니다. 따라서 면역이 약하고 배 속에 아기가 있는 임신부는 생백신을 맞을 수 없습니다. 즉 MMR, 수두 백신, 대상 포진 백신, 인플루엔자 생백신, 일본 뇌염 생백신 등은 맞으면 안 됩니다.

아빠가 하면 좋은 예방 접종 ✔

홍역, 유행성 이하선염, 풍진 백신MMR · 홍역, 유행성 이하선염, 풍진 모두 전염성이 강하고 아빠가 풍진에 걸리면 엄마와 아이에게 전염되어 기형을 일으킬 수 있습니다. 엄마도 MMR 접종을 확인해야 하지만 아빠도 항체 여부를 확인하고 항체가 없다면 접종을 고려해야 합니다.

수두 백신 · 풍진과 마찬가지로 신생아 기형을 일으킬 수 있으므로 수두에 걸린 적이 없다면 항체 여부를 확인하고 항체가 없다면 접종을 고려해야 합니다.

디프테리아, 파상풍, 백일해 백신 · 최근 백일해가 유행하여 신생아에게 영향을 줄 수 있습니다. 아빠도 아기와 밀접하게 접촉하기 때문에 최근 10년 이내 Tdap 접종력을 확인하고 접종합니다.

인플루엔자 백신 · 독감은 밀접 접촉자에서 전염력이 높습니다. 임신부와 산모, 신생아는 독감 고위험군이고 이들을 돌보는 사람도 상황에 따른 위험군으로 분류됩니다. 그 때문에 아빠도 접종하는 것이 좋습니다.

A형 간염 백신 · 최근 A형 간염이 유행하고 있습니다. 엄마, 아기와 밀접 접촉하는 아빠도 만 19~39세 사이라면 항체 검사 없이 6개월 이상 간격으로 2회 접종하고, 만 40세 이상이면 항체 검사를 하고 음성일 경우 2회 접종을 권장합니다.

B형 간염 백신 · B형 간염은 성관계로 전염될 수 있으므로 아빠

도 감염 여부를 확인하고 필요 시 접종을 고려해야 합니다. 아빠가 B형 간염 보균자라면 엄마가 임신 전, 혹은 임신 중에라도 B형 간염 예방 접종을 해야 합니다.

할머니 할아버지가 하면 좋은 예방 접종 ✓

디프테리아, 파상풍, 백일해 백신 · 최근 백일해가 유행하여 생후 12개월 미만 영아를 돌보는 밀접 접촉자는 Tdap 접종을 권장하고 있습니다. 이전에 Tdap를 한 번도 접종하지 않은 경우 3회 기초 접종을 하시되, 이 중 한 번은 Tdap으로 나머지 두 번은 Td로 접종하면 됩니다. 기초 접종 완료 후 매 10년마다 추가 접종이 필요합니다.

인플루엔자 백신 · 65세 이상은 인플루엔자 감염의 고위험군입니다. 인플루엔자에 걸리면 합병증이 잘 생기고 사망률도 높지요. 아기를 돌보는 조부모님의 건강을 위해 꼭 필요합니다.

대상 포진 백신 · 대상 포진은 수두 바이러스가 신경 세포에 잠복해 있다가 나이가 들어 세포 면역이 떨어지면 피부 수포와 심한 통증을 발생시키는 질병입니다. 발병률이 전체 연령에서는 1000명당 1.5~3명인데 비해 60세 이상 고령에서는 1000명당 7~11명으로 훨씬 높습니다. 또한 대상 포진을 앓고 난 3개월 후에도 통증이 지속되는 합병증이 흔하게 발생합니다. 포진 후 통증은 50세 이하에서는 발생이 드물지만 60세 이상에서는 50% 정도의 확률로 발생합니다. 60세 이상에서 예방 접종을 하면 대상 포진은 51.3%, 포진 후 신경 통증은 66.5% 감소시키는 효과를 보인다고 하니 60세 이상인 조부모님들은 대상 포진 접종을 하시면 도움이 됩니다.

폐렴구균 백신 • 폐렴구균은 영유아뿐만 아니라 65세 이상 성인이나 만성 질환자, 면역 저하자에게 치명적인 질병을 일으킬 수 있습니다. 65세 이상일 경우 23가 다당질 백신을 1회 접종하거나, 13가 단백 결합 백신을 접종하고 최소 1년이 지난 후 23가 다당질 백신을 접종합니다. 65세가 되지 않았더라도 만성 질환자나 면역 기능 저하자라면 13가 단백 결합 백신을 접종하고 8주 후에 23가 다당질 백신을 추가 접종하도록 권고하고 있습니다.

7장

백신에 대한
걱정과 오해들

우리는 아이가 태어나면 으레 예방 접종을 합니다. 아기 수첩에 적힌 스케줄대로 부지런히 병원에 가서 주사를 맞히지요. 하지만 주사를 맞고 자지러지게 우는 아기를 보거나, 백신에 대한 이런저런 안 좋은 이야기를 듣다 보면 여러 걱정이 생기는 것도 사실입니다. 간혹 자연주의 육아를 한다며 백신을 맞히지 않는 부모들을 보면 소신이 있어 보이고, 자신은 너무 안이한 부모인 것처럼 느껴지기도 하지요.

그래서 각종 온라인 커뮤니티에 올라온 내용과 진료실에서 부모님들이 저에게 하신 질문들을 토대로 백신에 대한 걱정과 오해를 짚어 보려고 합니다. 특히 SNS나 온라인 커뮤니티를 통해 빠르게 퍼지는, 백신에 대한 편향되거나 잘못된 정보를 중심으로 이야기하겠습니다. 궁금했지만 정확한 정보를 쉽게 찾지 못했거나, 진

료실에서 차마 묻지 못했던 부모님들의 궁금증이 시원하게 해소
되면 좋겠습니다.

백신 첨가물과 부작용이 무서워요

😀 "예방 접종에 포함된 첨가물들을 보니 너무 무섭습니다. 백신
에 들어 있는 수은이나 알루미늄 같은 성분이 부작용을 일으킬 수
있다는데 찝찝해요."

😀 "알루미늄, 포르말린, 항생제, 동물 조직······. 도대체 백신에
왜 이런 무시무시한 성분들이 들어가는 건가요? 이런 성분들이 꼭
필요한 것인지 궁금합니다."

역할	백신 첨가물
활성 성분	바이러스, 세균, 독소
면역 보조제	알루미늄
안정제	당분: 유당 혹은 설탕 아미노산: 글리신, 엠에스지(MSG) 화합물: 폴리소베이트 80 단백질: 알부민(인간 혹은 소 혈청 유래) 젤라틴: 소나 돼지 껍데기 추출물
보존제	티메로살(소아 백신에는 더 이상 안 씀), 포름알데히드, 페녹시에탄올, 페놀
항생제	네오마이신, 젠타마이신, 폴리믹신 B, 암포테리신 B, 테트라사이클린
미량 성분	달걀 단백질, 말 혈청, 쥐 뇌 조직, 원숭이 뇌 조직, 햄스터 신장 세포 효모
오염 물질	라텍스

앞의 표는 우리나라에서 접종하는 백신에 들어가는 첨가물입니다. 이런 첨가물들이 도대체 왜 백신에 들어가는 걸까요?

알루미늄 ✅

알루미늄은 백신에 대한 면역 반응을 강화하기 위한 보조제입니다. 많은 백신에 쓰이기 때문에 좀 자세히 짚어 보겠습니다.

알루미늄은 지구상에서 세 번째로 풍부한 원소입니다. 그런데 생물학적인 역할은 아직 정확히 알려지지 않았지요. 보통 물이나 음식을 통해 소화기로 흡수되어 오줌이나 담즙으로 배설됩니다. 아주 농도가 높지 않으면 문제가 되지 않지만 신장 기능이 떨어져 있거나 해서 알루미늄의 혈중 농도가 높아지면 독성을 가집니다. 농도가 높으면 뼈나 뇌에 축적됩니다.

우리가 흔히 쓰는 알루미늄 캔이나, 알루미늄 그릇, 포일뿐만 아니라 과일과 채소, 와인이나 맥주, 유제품, 이유식 제품을 포함해 매일 마시는 물에도 알루미늄이 포함되어 있지요. 보통 어른의 경우 매일 7~9mg의 알루미늄을 섭취합니다. 식품의약품안전처의 2016년 자료에 의하면 가공되지 않은 식품에는 1kg당 5mg 정도로 함유되어 있으나 빵, 케이크, 과일 주스, 밀가루, 소시지 등 가공식품에는 1kg당 5~10mg 정도 함유되어 있다고 합니다. 알루미늄이 가장 많이 함유된 식품은 해산물, 밀가루, 과자, 코코아 등이라고 하네요. 물론 음식이나 물로 섭취한 알루미늄이 모두 체내로 흡수되는 것은 아니지만 지금도 우리 몸에는 꾸준히 알루미늄이 들어오고 있고 이를 신장에서 처리하고 있습니다.

알루미늄의 최소 위험 섭취량은 1kg당 하루에 1mg입니다. 3kg으로 태어난 아기의 경우 하루 3mg까지가 안전한 양이라는 것이죠. 어린아이들의 경우 생후 6개월까지 예방 접종으로 인해 체내에 들어가는 알루미늄의 양이 4.4mg입니다. 모유 수유를 하면 7mg, 분유 수유를 하면 38mg, 콩으로 만든 분유를 먹는다면 총 117mg의 알루미늄이 6개월간 섭취됩니다. 우리가 매일 먹는 음식이나 물에 의해 노출되는 양이 백신에 의해 들어오는 양보다 더 많은 것이죠. 이것이 신장이 처리하지 못할 만큼 많으면 문제지만 예방 접종에 포함된 알루미늄은 하루 이틀 안에 오줌으로 대부분 배설됩니다.

백신에 포함된 알루미늄은 수지상 세포가 백신에 들어 있는 내용물들을 잘 잡아먹을 수 있게 도와줍니다. 수지상 세포는 내재 면역과 획득 면역을 연결하는 아주 중요한 세포라는 것은 이제 아실 거예요. 획득 면역이 작동되어야 면역 기억이 생기고 백신의 효과도 생기게 된다는 것도요.

알루미늄이 첨가된 백신은 DTaP, 폐렴구균 백신, A형, B형 간염 백신과 사람 유두종 바이러스 백신이 있는데 모두 사백신들이죠. BCG, MMR나 수두 백신 같은 생백신은 백신 자체가 면역 반응을 충분히 일으키기 때문에 알루미늄을 넣지 않습니다. 그러니까 죽은 바이러스나 세균의 조각을 넣어 주는 사백신의 경우 우리 몸의 면역 세포들이 거들떠보지 않기 때문에 몸에 면역 반응을 일으키는 알루미늄을 보조제로 쓰는 것이에요.

알루미늄을 첨가한 백신과 첨가하지 않은 백신을 두 그룹의 어린이들에게 접종하고 결과를 메타 분석한 논문을 보면 알루미늄을 첨가한 백신에서 국소 부작용은 확실히 더 많았지만, 항체 형성 효과 역시 뚜렷하게 좋았다고 합니다. 국소 부작용 외에 다른 심각하거나 장기간 지속되는 부작용은 없었다고 해요.

물론 그래도 일상적인 섭취량에 더해 추가로 들어가는 것이라서 걱정된다고 하는 분들도 있어요. 그런 분들은 가능하면 알루미늄이 포함되지 않은 백신을 접종시키는 것이 좋습니다. 예를 들면 일본 뇌염 백신 중에서 세포 배양 사백신이나 이모젭을 쓰는 것이죠.

알루미늄은 60년 이상 백신 보조제로 쓰이고 있고 현재까지 가장 효과적이고 안전한 물질입니다. 물론 국소 부작용이 흔하다는 단점도 있습니다. 어린아이들에게 반복해서 접종하는 물질인 만큼 좀 더 안전한 대체제가 개발되었으면 합니다.

설탕, 단백질, 아미노산 ✅

이 성분들은 백신을 안정화하기 위해 들어갑니다. 즉, 백신을 얼리거나 건조시키는 과정에서 백신의 효과를 유지하는 역할을 하는 것이죠. 설탕이나 락토스, 글라이신, 글루타민산, 알부민, 젤라틴 등이 쓰이지요. 물론 이것들은 다 일상적으로 우리가 사용하는 물질들입니다. 이런 성분에 심한 알레르기가 있다면 백신 접종을 안 할 수도 있지만 가벼운 알레르기라면 의사와 상의하여 접종할 수 있습니다.

포름알데히드 ✅

백신에 포름알데히드가 들어간다고 하면 정말 놀라는 분들이 많습니다. 포름알데히드는 새집증후군이나 알레르기 질환을 비롯한 여러 질병을 일으키는 것으로 알려져 있을 뿐 아니라 발암 유발 인자로도 알려져 있기 때문이죠. 물론 인체가 처리하지 못할 만큼 많은 양의 포름알데하이드에 노출되면 각종 질병이 발생할 위험이 높아집니다. 특히 공기 중에 있는 포름알데히드의 경우 암 발생 위험이 더 높고요. 하지만 어떤 물질이 인체에 미치는 영향을 이야기할 때는 노출 경로와 양이 중요합니다.

포름알데히드는 바이러스를 불활성화시키거나(폴리오바이러스 등), 세균의 독소(디프테리아 등)를 해독하기 위해 사용합니다. 사백신을 만드는 데 필요하다고 보시면 됩니다. 포름알데히드는 백신 제작 초기에 사용되고 이후 제조 과정에서 희석되지만 잔량이 남아 있을 수 있으므로 첨가물로 표기됩니다. 물론 그 양은 아주 적으며 자연에서 노출되는 양보다 더 적습니다.

포름알데히드가 가장 먼저 쓰였던 백신이 바로 디프테리아 백신입니다. 베링이 독소-항독소 혼합물을 이용하여 만든 디프테리아 백신은 디프테리아 독소가 너무 강하여 부작용이 속출했습니다. 그러자 파스퇴르 연구소의 라몽이 포름알데히드로 변성 독소를 만들었던 것이죠.

포름알데히드는 단백질이 만들어질 때나 에너지를 생성할 때 정상적으로 몸에서 만들어지기도 하고, 건축물에서 뿜어져 나오는 것을 신체가 흡수하기도 합니다. 연구에 의하면 신생아의 경우 이미 1회 예방 접종 시 노출되는 포름알데히드 양보다 50~70배 많은 포름알데히드 혈중 농도를 보인다고 합니다. 포름알데히드가 문제가 되는 것은 실상 백신보다도 아이들 생활 환경에서의 노출 때문입니다.

보존제와 항생제 ✓

그 외에 어떤 백신의 경우 세균이나 곰팡이의 번식을 예방하기 위해 보존제를 사용합니다. 이 보존제 중에 티메로살이라는 성분이 있지요. 이 티메로살은 유기 수은의 일종으로 자폐를 일으키는 원인으로 지목되기도 했었습니다. 물론 그에 대한 증거는 없는 것으로 드러났습니다. 게다가 현재 소아에게 접종하는 백신에는 더 이상 티메로살이 들어가지 않습니다.

네오마이신 같은 항생제는 제조 과정에서 세균 감염을 예방하기 위해 들어갑니다. 제조 공정에서 사용하기 때문에 소량 남아 있는 것이지요. 항생제 중에 페니실린이나 세팔로스포린, 설파계 약물은 아나필락시스를 일으킬 확률이 높아 백신에는 쓰지 않도록 되어 있습니다. 백신에 들어갈 수 있는 항생제는 네오마이신, 폴리믹신 B, 젠타마이신, 스트렙토마이신이 있어요. 특히 인플루엔자 백신이나 MMR의 경우 계란을 사용하여 만들기 때문에 계란이 오염되지 않도록 항생제를 사용합니다.

동물 세포 ✅

백신에는 쥐 뇌 조직이나 햄스터 신장 세포 등 동물 세포도 들어갑니다. 바이러스는 특성상 살아 있는 세포 속에서만 번식을 한다고 말씀드렸었죠? 그래서 바이러스를 배양하기 위해 살아 있는 생물을 많이 썼습니다. 예를 들어 쥐나 햄스터, 원숭이 같은 동물들을 썼죠. 쥐 뇌 조직의 경우 예전에 일본 뇌염 사백신에 쓰였고, 햄스터 신장 세포는 생백신에서 쓰고 있습니다. 하지만 앞으로는 감염 등의 문제로 살아 있는 동물 세포보다 세포 배양을 통한 인공 세포를 이용한 방법이 더 널리 쓰이지 않을까 생각합니다.

예방 접종을 꺼리거나 거부하는 분들이 가장 우려하는 것이 바로 첨가물과 그로 인한 부작용입니다. 예방 접종을 위한 주사제에는 특정 질환에 대한 면역을 형성하기 위해 바이러스나 세균의 일부가 들어 있지만, 그 외에도 여러 가지 물질이 들어 있습니다. 어떤 분은 제약회사의 백신 성분표를 가지고 와서 죽 늘어놓고 이렇게 많은 첨가물이 들어 있고, 부작용이 이렇게나 많은데 어떻게 아이에게 맞히겠냐고 하소연하시기도 합니다. 그렇지만 바꿔서 생각해 보면 그렇게 모든 성분이 공개되고, 거기에 대한 부작용이 세세히 밝혀져 있는 것이 백신에 대한 컨트롤이 잘 되고 있다는 증거라고 생각합니다.

물론 이러한 첨가물들을 최소한으로 넣거나 아예 안 넣고도 효과적인 백신을 만들 수 있다면 더욱 좋겠지요. 그렇지만 아직은 기술적인 한계가 있고, 현재로서는 백신 접종의 위험성보다 백신을 접종하지 않았을 때의 위험이 훨씬 크다고 결론이 난 상태입니다. 게다가 다행히도 백신 첨가물은 기술이 발달하면서 해마다 줄어들고 있습니다.

백신 때문에 자폐가 생긴다고요?

😊 "MMR 접종이 자폐하고 관련 있다는 얘기가 있어서 아이에게 접종하기가 무서워요. 우리나라 자폐 발병률이 세계에서 가장 높다는데 말이죠."

😊 "어떤 인터넷 사이트에서 백신 접종을 시작하면서 자폐가 현

저하게 증가하고 있다는 글을 보았어요. 도대체 왜 이런 일이 일어

난 것인지 궁금해요."

백신 거부론자들이 가장 크게 내세우는 근거 중 하나가 티메로

살이 포함된 백신 접종이 시작되면서부터 자폐증이 폭발적으로

늘어났다는 것입니다. 미국 연구에 따르면 1992년에서 2005년 사

이 자폐 장애가 26.4%나 증가했다고 합니다.

그렇다면 일단 자폐증이 실제로 폭발적으로 늘어난 것인지부터

살펴봐야겠습니다. 1990년대에 자폐증의 진단명과 진단 기준이

변화합니다. 자폐증autism 에서 자폐 스펙트럼 장애ASD:autism spectrum

disorder 로 범위를 확장하면서 아스퍼거 증후군이나 심하지 않은 언

어 장애부터 심한 자폐증까지 다 포함하게 된 것이죠. 진단 기준이

넓어졌으니 환자 수가 당연히 늘게 됩니다. 더불어 자폐 스펙트럼

장애를 조기에 진단하기 위한 노력도 같이 늘어났습니다. 조기에

진단하여 개입할수록 치료의 성과도 좋으니까요. 학자들은 자폐

장애의 증가에 이러한 요인의 역할이 크다고 보고 있습니다. 진단

기준이 확대되고, 의료진들이 초기에 진단하기 위해 노력하며, 부

모들의 관심 또한 높아졌기 때문에 이전보다 자폐 장애가 수치상

으로 더 많아진 것이죠.

MMR과 자폐증의 관련성에 대한 논란은 1998년 웨이크필드가

의학 잡지 『랜싯』에 발표한 연구 논문에서 시작되었어요. 이 논문

에서 그는 백신과 자폐증 사이에 연관성이 있다고 주장했습니다. 그러나 2010년까지 『랜싯』은 이 주장에 대한 유효한 증거를 찾지 못한 반면, 웨이크필드가 MMR이 안전하지 않다고 주장하는 변호사에게서 거금을 받았다는 사실이 밝혀졌습니다. 웨이크필드의 논문은 당연하게도 철회되었어요.

지금까지도 MMR이 자폐와 상관관계가 있다는 증거는 찾기 힘든 상태입니다. 오히려 관련성이 없다는 논문들만 쏟아져 나오고 있지요. 한 예로 일본에서는 1993년에서 1999년 사이 MMR 접종을 중단한 일이 있었습니다. 그런데 이 기간에 자폐 스펙트럼 장애는 MMR 접종 중단과 상관없이 계속 늘어났지요. 2019년 3월에 덴마크 코펜하겐 국립 혈청 연구소에서 MMR과 자폐증의 상관관계를 조사한 연구 결과를 발표했어요. 이 조사는 1999년에서

2010년 사이 덴마크에서 태어난 65만 7461명의 어린이를 대상으로 2013년 8월까지 백신 접종과 자폐증 진단 여부를 추적 조사한 대규모 연구였죠. 연구 결과 MMR를 접종한 어린이와 접종하지 않은 어린이 사이에 자폐증 발병 위험에 차이가 없다는 것이 밝혀졌습니다.

게다가 MMR에 첨가되어 자폐를 일으킨다고 오해를 받았던 티메로살은 이미 2002년 이후부터 백신에 거의 포함되지 않지요. 2019년 현재 우리나라의 영유아 대상 국가 예방 접종에는 티메로살이 포함된 백신이 없습니다.

백신과 자폐증의 연관성이 전혀 밝혀지지 않았음에도 불구하고, 백신에 대한 불신의 씨앗은 여전히 살아남아 곳곳에 불을 지르고 있지요. 그것이 바로 지금 홍역 유행의 반복으로 나타나고 있습니다.

지연 접종은 괜찮나요?

"예방 접종이 필요하다고 생각하지만 아기가 너무 어릴 때 접종 스케줄이 너무 빡빡한 것이 아닌지 걱정이에요. 정말 지금의 스케줄이 최선일까요?"

"미국에서는 하지 않는 결핵 접종을 우리는 왜 하나요? 유럽에서는 백신 접종을 우리나라만큼 많이 하지 않는 것 같던데요."

"아이가 열성 경련을 한 적이 있어서 예방 접종을 하기가 무서워요. 이런 경우 지연 접종을 하면 어떨까요?"

백신 접종의 시기를 결정하는 요인은 몇 가지가 있어요. 너무 이른 시기에 접종을 하면 엄마에게서 물려받은 보호 항체에 의해 백신이 제대로 효과를 발휘하지 못하고 나중에 보호 항체가 사라졌을 때 오히려 병에 취약해질 가능성이 있지요. 그렇다고 너무 늦은 시기에 접종을 하면 이미 그 질병이 잦은 시기를 지나 버릴 수 있습니다. 또 나이에 따라 항체 생성이 잘 되는 시기가 있고, 유병률이나 취약한 정도가 달라질 수도 있기 때문에 백신 접종의 시기나 횟수는 여러 요인에 따라 결정되고 있습니다.

예를 들어 가장 어린 시기에 맞는 DTaP, 폴리오 백신, 폐렴구균 백신, b형 헤모필루스 인플루엔자 백신 등은 신생아가 위협을 받는 질병에 대한 백신들이죠. 그러니 아이가 엄마로부터 받은 항체의 보호막 속에 있는 생후 6개월 동안 반복 접종을 하여 충분한 항체를 만들도록 하는 것이에요. 또한 소아마비의 경우 감염되면 신경계에 치명적인 후유증을 남기기 때문에 이른 시기에 접종하여 합병증 가능성을 낮추도록 합니다. 폐렴구균이나 b형 헤모필루스 인플루엔자균의 경우 중이염, 폐렴, 뇌수막염의 중요한 원인이 되는데, 이 병을 치료할 때 항생제를 사용합니다. 그러니 이 백신들을 접종하면 어린 시절 항생제에 노출되는 빈도를 줄이고 덕분에 체내 유익균을 지킬 수도 있습니다.

B형 간염의 경우에도 신생아기에 노출될수록 만성화될 확률이 높고, 만성 B형 간염이 생기면 간암이나 간경화로 진행할 위험이 높기 때문에 출생 후 바로 접종합니다. 결핵 백신인 BCG 또한 이른 시기에 접종할수록 결핵 예방 효과가 높고 특히 중증 결핵에 대한 예방 효과는 더 높기 때문에 출생 4주째에 시행합니다.

MMR, 수두 백신과 같은 생백신은 바이러스를 완전히 죽이지는 않고 약해진 상태로 접종합니다. 대부분의 엄마들이 이 바이러스에 대한 면역 항체를 가지고 있고, 이것이 태반을 통해 아이에게 넘어오게 되죠. 그러니 생후 6개월까지는 홍역이나 수두에 걸릴 가능성이 낮습니다. 이렇게 보호 항체가 있는 아이에게 생백신을 접종하면 이미 있는 보호 항체가 생백신의 속의 약한 바이러스를 손쉽게 제압하기 때문에 백신을 맞아도 효과를 볼 수가 없습니다. 그래서 이 백신들은 보호 항체인 IgG가 반감기를 수차례 거치면서 없어지고 난 뒤, 그리고 아이가 어느 정도 면역력을 갖춘 뒤인 돌 이후에 접종합니다. 이미 가지고 있는 항체가 사라지는 이유는 단백질인 항체가 혈액 속에서 변형과 파괴가 일어나고 이에 따라 제거되기 때문이에요.

같은 접종을 반복해서 하는 이유는 면역 기억을 가진 세포 수를 늘려 획득 면역을 강화시키기 위해서죠. 사백신의 경우 생백신보다 면역 세포를 덜 자극하기 때문에 접종 횟수가 더 많습니다.

이렇게 어린 시기에 다양하고 반복적으로 예방 접종을 하는 이유는 우리 공동체에 자주 출몰하거나 어린 시절 감염될 경우 치명적일 수 있는 질환들을 예방하기 위해서입니다. 지금의 예방 접종 스케줄은 각 시기별로 아이의 면역 기능이 어떻게 반응하는지를 고려하여 중요한 시기에 감염되지 않도록 하기 위해, 현재까지 발표된 연구 결과들을 바탕으로 결정된 것입니다.

열성 경련과 예방 접종에 대해서도 말씀드리고 싶어요. MMR를 맞고 일주일 후쯤 열이 나고 열성 경련을 하기도 합니다. 대략 3000명에서 4000명 중에 한 명 정도의 빈도로 일어납니다. 열성 경련 이외 다른 경련이나 뇌전증, 신경 발달 장애 문제는 MMR를 맞지 않은 경우와 차이가 없고, 첫 번째 MMR를 원래 스케줄보다 늦게 맞으면 오히려 열성 경련의 위험이 높은 것으로 알려져 있어요. 그러니 열성 경련을 한 적이 있다고 지연 접종을 할 필요가 없고, 오히려 정해진 스케줄대로 하는 것이 좋습니다.

일부 자연주의 육아 커뮤니티에 보면 다른 나라, 특히 유럽과 우리나라의 예방 접종 스케줄을 비교하며 우리나라의 예방 접종이 과도하다고 하는 분들도 계시더군요. 그래서 한번 비교해 보았습니다. 우리나라를 포함하여 세계 각국의 접종 스케줄을 살펴보겠습니다. 다음 표는 세계보건기구 홈페이지에 공개된 자료들을 토대로 재구성한 것입니다.

백신명	대한민국	일본	미국	캐나다	독일	영국	프랑스	이탈리아	아이슬란드
BCG	●	●				●			
B형 간염 백신	●	●	●	지역에 따라	●	●	●	●	
A형 간염 백신	●		●	지역에 따라				지역에 따라	
DTP	●	●	●	●	●	●	●	●	●
폴리오 백신	●	●	●	●	●	●	●	●	●
폐렴구균 백신	●	●	●	●	●	●	●	●	●
b형 헤모필루스 인플루엔자 백신	●	●	●	●	●	●	●	●	●
MMR	●	MR	●	●	●	●	●	●	●
일본 뇌염 백신	●	●							
수두 백신	●	●	●	●	●			●	
인플루엔자 백신	●		●	●	만성 질환 어린이	●	만성 질환 어린이	만성 질환 어린이	만성 질환 어린이
사람 유두종 바이러스 백신	여	여	남·여	남·여	남·여	여	여	남·여	여
로타바이러스 백신		●	●	●	●			●	
수막구균 백신			●	●	●	●	●	●	●

(2019년 12월 기준)

각 나라별 예방 접종표

일본의 경우 우리나라와 비교했을 때 A형 간염 백신과 소아 인플루엔자 백신이 선택 접종입니다. 특징적으로 MMR 대신 유행성 이하선염이 빠진 MR 접종을 하고 있는데 이는 MMR 백신을 접종한 1989~1993년 사이에 무균성 뇌수막염의 발생이 늘어났기 때문입니다. 당시 백신에 포함된 유행성 이하선염 바이러스 균주가 원인으로 의심되었고 1993년 MMR 사용이 중단되고 이후 MR만 접종하게 됩니다. 이때 일본에서 사용되었던 유행성 이하선염 바이러스 균주는 우라베Urabe 균주로 다른 나라들과는 차이가 있었습니다. 현재 세계적으로 많이 쓰이는 균주는 제릴-린Jeryl Lynn 균주이고 현재 우리나라에서도 이 균주를 사용한 백신을 접종하고 있습니다. 사람 유두종 바이러스 백신은 부작용 논란이 있었지만 여전히 국가 접종에 포함되어 있습니다.

미국은 우리나라와 비교했을 때 BCG와 일본 뇌염 백신이 국가 접종에서 빠지고 그 대신 수막구균 백신과 로타바이러스 백신이 포함됩니다. 결핵과 일본 뇌염이 빠진 것은 미국 내 결핵과 일본 뇌염의 발병률이나 유병률이 높지 않기 때문이죠. 잘 아시겠지만 일본 뇌염은 동아시아권에 서식하는 작은빨간집모기 때문이니까요.

캐나다는 미국과 거의 동일하지만 A형 간염 백신과 B형 간염 백신 접종은 지역에 따라 다릅니다. 땅덩어리가 넓고 지역에 따른 유병률과 위험도가 다르기 때문에 그에 맞게 백신을 접종하는 것이지요.

유럽은 어떨까요? 독일도 국가 접종이 미국과 비슷하나 A형 간염 백신이 빠져 있어요. 영국, 프랑스, 이탈리아의 경우에도 국가 접종 항목이 꽤 많습니다. 유럽 국가 중 국가 접종이 가장 적은 나라가 아이슬란드입니다. 프랑스, 이탈리아, 아이슬란드의 경우 만성 질환이 있는 아이에게만 인플루엔자 백신을 접종하고 있어요. 또 프랑스, 아이슬란드는 수두 백신을 접종하지 않습니다. 반면 우리나라는 수두 백신이 1회 접종이지만 수두 백신을 접종하는 나라들의 경우 대부분 2회 접종을 하고 있습니다.

사람 유두종 바이러스 백신의 경우 나라에 따라 여자에게만 접종하기도 하고 여자와 남자 모두에게 접종하기도 합니다. 불과 몇 년 사이에 미국, 캐나다, 독일, 이탈리아에서는 접종 대상을 남녀 모두로 확대하였습니다.

이렇게 나라마다 접종하는 백신의 종류와 숫자가 다른 것은 각 나라마다 살아가는 환경이나 유병률이 높은 질환이 다르기 때문입니다. 특히 아이슬란드는 인구 밀도가 제곱킬로미터당 2.5~3명으로 매우 낮습니다. 우리나라는 제곱킬로미터당 513명이니 비교가 안 되게 높죠. 인구 밀도가 낮으면 질병이 생겨도 쉽게 확산되지 않습니다.

알레르기 때문에 예방 접종을 못 해요

🙂 "아토피 피부염이 심하면 예방 접종을 못 한다는 얘기가 있어서 걱정이에요. 저희 이웃집 아이도 예방 접종 후에 아토피가 생겼대요."

🙂 "주변에서 예방 접종 후에 아토피가 생기거나 심해졌다는 얘기가 많아서 예방 접종을 하기가 겁이 나요. 우리 아이는 아토피가 원래 있거든요. 아토피가 좋아지고 나서 아이가 큰 다음에 천천히 접종하고 싶어요."

저희 병원에는 백신에 대해 걱정하는 부모님들이 종종 오십니다. 이야기를 들어 보면, 정말 많은 분들이 예방 접종 때문에 아이의 아토피 피부염이 심해지지 않을까 걱정하십니다. 어떤 분들은 백신 접종 자체가 아토피 피부염을 일으켰다고 오해하기도 하고요. 더 나아가서는 백신 접종이 비염이나 천식 같은 알레르기 질환을 일으킨다고 생각하는 분들도 있어요.

일단 결론부터 말씀드리자면 예방 접종이 아토피 피부염을 발생시킨다는 증거는 없습니다. 그렇지만 아이의 성장과 발달 단계상 초기 예방 접종 시기가 아토피 피부염이 잘 생기는 시기와 맞물리기 때문에 마치 예방 접종 때문에 아토피 피부염이 생긴 것으로 오해하는 경우가 생깁니다. 연구 결과들을 보면 예방 접종과 아토피 피부염의 발생은 상관관계가 거의 없고, 오히려 예방 접종을 제대로 하면 천식이나 알레르기 비염 같은 알레르기 질환이 줄어든다고 합니다. 왜 그럴까요?

알레르기 행진의 첫 단계가 아토피 피부염이죠. 다시 말하지만 아토피 피부염이 있으면 음식 알레르기가 생기기 쉽고, 음식 알레르기(특히 계란 알레르기)가 생기면 천식의 위험이 높아집니다. 또한 호흡기 감염이 반복되면 천식이 쉽게 발생하고 악화됩니다. 따라서 백신 접종으로 호흡기 감염을 줄이면 천식의 위험도 줄일 수 있습니다. 알레르기 비염의 경우에도 백신 자체가 IgM, IgG 항체를 만들게 하니까 알레르기를 발생시키는 IgE를 만드는 활동을 감소시켜서 오히려 알레르기 비염이 좋아질 수 있다는 가설이 있습니다. 그러니까 오히려 아토피 피부염이 있는 아이들은 백신을 더 챙겨서 접종해야 하는 것이죠. 2019년 발표된 논문에서도 MMR 접종을 한 남자 아이들의 소아 천식 발병률이 낮다는 결과가 나왔어요.

물론 아토피 피부염이 이미 있는 아이가 계란이나 예방 접종 첨가물(젤라틴, 효모 등)에 알레르기가 있는 경우에는 예방 접종 후 두드러기가 나거나 아토피 피부염이 일시적으로 심해질 수 있습니다. 만약 백신 첨가물에 알레르기가 있다면 담당 의사와 상의하여 백신을 접종하면 됩니다.

아토피 피부염은 백신을 맞지 말아야 할 이유가 아니며, 아토피 피부염이 있다면 이후 알레르기 행진의 진행을 막기 위해서라도 오히려 예방 접종을 잘 챙겨 줘야 합니다.

요즘 잘 안 걸리는 질병의 백신을 왜 맞죠?

😀 "여러 예방 접종이 필수라는데 실제로는 예방 효과가 그리 크지 않은 것 같아요. 수두 접종의 경우 물접종이라는 말도 있고요. 지금은 예방 접종에 포함된 질병들이 거의 없어지지 않았나요?"

😀 "의학이 발달해서 홍역이나 수두로 죽는 경우도 별로 없는데 꼭 맞아야 할까요? 요새는 웬만해선 죽는 병이 없는데 아기 때 몇 번씩이나 이것저것 예방 접종을 꼭 해야 하나요?"

😀 "저는 어렸을 때 홍역 접종 하지 않았는데, 걸리지 않았어요. 건강한 사람이라면 걸리지 않을 수도 있고 걸려도 죽지 않는 것 같은데 꼭 접종해야 하나요?"

"예방 접종에 포함된 질병이 현재에는 거의 없다."라는 말 속에 답이 있습니다. 지금까지 열심히 예방 접종을 한 결과 해당 질병들이 많이 줄어든 것이죠. 미국의학협회지에 2007년 실린 예방 접종 전후의 해당 질병 감소율을 보면 디프테리아, 소아마비는 100%, 홍역, 유행성 이하선염, 백일해, 풍진, 파상풍, b형 헤모필루스 인플루엔자 감염은 90% 이상, A형, B형 간염과 수두는 80% 이상 발병률이 감소하였습니다. 그래서 오히려 아이러니하게도 예방 접종을 꾸준히 해서 발병률이 낮아진 선진국에서 예방 접종에 대한 신뢰도가 떨어진다는 결과도 있답니다. 질병이 줄어들수록 질병에 대한 위험도를 적게 느끼기 때문이죠. 그러니 '이제 그 질병은 더 이상 존재하지 않는데?' 혹은 '그 질병은 별로 위험하지도 않은데?'라고 생각하게 된 것이죠. 위생과 영양이 개선되고 항생제가 개발되고 의학이 발달함에 따라 확실히 질병으로 인한 사망률은 줄어들었습니다. 하지만 예방 접종이 없는 질병의 발병률은 그다지 줄어들지 않았습니다. 지금 예방 접종을 하고 있는 질병과 접종을 하지 않는 질병의 빈도를 보면 직관적으로 알 수 있을 거예요. 접종을 하는 홍역과 접종을 하지 않는 수족구병을 생각해 보세요. (완전히 같은 조건은 아니지만) 홍역은 우리나라에서 퇴치가 선언된 반면, 수족구병은 여전히 아이들과 부모님들을 괴롭히고 있죠.

집단 면역은 허구인가요?

😊 "어떤 책에 보니까 집단 면역은 허구라고 하던데요? 사실 백신 때문에 질병이 줄어든 것이 아니라 그 이전부터 위생 상태나 영양 상태가 좋아지면서 질병이 사라지고 있었다고 하더라고요."

😮 "집단 면역 이론은 백신의 실패를 백신을 맞지 않은 사람에게 뒤집어씌우는 것이라는 의견에 대해서는 어떻게 생각하시나요? 디즈니랜드에서 홍역이 유행했을 때도 홍역 접종을 한 아이들이 오히려 홍역에 더 많이 걸렸다고 하고요."

집단 면역이란 어떤 공동체의 다수가 백신을 접종받을 경우 백신을 접종하지 않은 소수의 감염 가능성까지 줄어드는 것을 의미합니다. 그래서 백신 접종률이 높을수록 집단 면역에 의해 보호받을 수 있는 가능성이 높아지는 것이죠. 보통 백신 접종을 받은 사람이 전체 인구의 80~90%를 차지하면 집단 면역이 형성된다고 알려져 있지만, 질병에 따라 그리고 백신의 효능에 따라 수치는 달라질 수 있습니다.

세계보건기구의 자료에 따르면 2018년 기준 전 세계 아동의 85%가 폴리오 백신을 세 차례 접종했고, 86%는 홍역 백신을 한 차례 접종했다고 합니다. 이런 집단 면역의 개선으로 전 세계 소아마비 감염 건수는 1980년 5만 2700명에서 2016년 42명으로 감소했고, 전 세계 홍역 발생자 수도 2000년 85만 명에서 2017년 17만 명으로 감소했죠. 그렇지만 아직도 많은 아이들이 백신을 맞지 못해 충분히 예방 가능한 질병으로 목숨을 잃고 있습니다.

우리나라 질병관리본부에서 발표한 2018년 전국 어린이 예방 접종률 현황을 보면 생후 12개월 96.8%, 24개월 94.7%, 36개월

90.8%로 미국, 영국 등 다른 선진국에 비해서도 높은 접종률을 유지하고 있습니다. 그 덕에 우리나라는 2000년에는 폴리오, 2014년에는 홍역 퇴치 선언을 했지요. 지구에서 폴리오나 홍역이 완전히 퇴치되면 폴리오나 홍역 백신 접종도 필요 없어질 수 있습니다. 지금 우리 아이들이 천연두 접종을 하지 않듯이 말이죠.

한 감염병이 지속적으로 유지되고 전염되기 위해서는 면역력이 없는 사람이 꾸준히 새로 공급되어야 합니다. 그렇지 않으면 감염병은 더 이상 전염되지 못하고 특정 지역 안에만 머무르게 되지요. 인류가 오랫동안 겪어 온 바이러스나 세균들에게 면역력이 없는 새로운 사람이란 주로 어린아이입니다. 2017년 한 해에 발생한 17만 명의 홍역 환자 중 적어도 4만 6000명 이상이 사망한 것으로 추정되는데, 대부분 보건 의료 환경이 열악한 지역에 사는 5세 이하의 어린이였습니다. 홍역 바이러스에 한 번 감염되었다 회복하면 영구 면역을 획득하기 때문에 홍역 바이러스는 1~2주마다 면역이 없는 새로운 사람으로 옮겨 가야 살아남을 수 있습니다. 지속적으로 홍역 감염이 유지되려면 인구 50만 명 이상이 모여 살아야 합니다. 그 정도 규모의 인구가 모여 살기 시작한 것은 그리 오래되지 않았죠.

세계보건기구의 자료에 따르면 최근 홍역 백신 접종률이 떨어짐에 따라 현재 아프리카와 동남아시아, 남미뿐 아니라 유럽에서도 홍역의 대규모 유행이 반복되고 있습니다. 유럽의 경우 백신에 대한 오해나 불신 때문에 접종률이 떨어졌죠.

2014년에서 2015년 사이 미국 디즈니랜드에서도 120명가량의 홍역 환자가 집단 발생한 적이 있었습니다. 그중 110명이 캘리포니아 주민이었는데, 49명이 예방 접종을 안 한 상태였고 47명은 접종 여부가 불확실한 상태, 나머지 24명은 접종을 한 상태였습니다. 이것을 보고 "봐라. 홍역 접종을 한 아이들조차도 홍역에 걸리지 않느냐. 집단 면역은 소용이 없다."라고 말하는 분들이 있습니다. 하지만 당시 미국의 MMR 접종률이 91%가 넘었으니 디즈니랜드에 있던 대부분은 접종을 한 상태였을 것입니다. 즉 접종을 하지 않은 아이들이 비율상 더 많이 홍역에 걸렸을 것으로 생각합니다. 네덜란드에서 1999년에서 2000년 사이 홍역 유행 시기에 조사한 바에 따르면 예방 접종을 하지 않은 아이가 예방 접종을 한 아이에 비해 224배나 더 전염 가능성이 높다고 합니다. 만약 당시 디즈니랜드에 있던 사람들이 모두 접종을 전혀 하지 않은 상태로 홍역 바이러스에 노출되었다면 어떻게 되었을까요?

홍역을 앓은 적이 없는 아이가 100만 명인 두 도시가 있습니다. A 도시는 100% 홍역 예방 접종을 하지 않았고 B 도시는 100% 홍역 예방 접종을 했다고 가정해 봅시다. 각각의 도시에서는 어떤 일이 일어날까요?

MMR를 전혀 접종하지 않은 A 도시에서는 90%인 90만 명이 홍역을 앓습니다. 이 중 70%인 63만 명은 약 2주간 고열, 발진, 결막

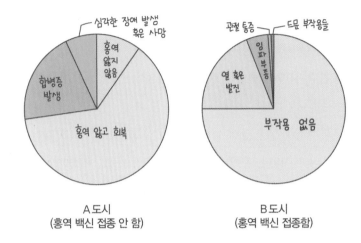

심각한 장애 발생 혹은 사망

홍역 앓지 않음

합병증 발생

홍역 앓고 회복

관절 통증 — 드문 부작용들

임파부종

열 혹은 발진

부작용 없음

A 도시
(홍역 백신 접종 안 함)

B 도시
(홍역 백신 접종함)

염, 임파부종 등의 증상을 앓은 후 자연 회복됩니다. 홍역에 걸린 사람 중 30%인 27만 명은 합병증을 앓게 됩니다. 심한 설사(8%)와 중이염(5~10%)을 앓습니다. 폐렴(6%)을 앓는 사람 중 2%인 1080명이 사망합니다. 900명은 뇌염을 앓는데 이 중 225명은 심각한 신경 장애를 갖게 됩니다. 그 외에 심각한 합병증인 급성파종성뇌염ADEM 이나 아급성경화성범뇌염SSPE 이 생기면 서서히 아주 고통스럽게 사망합니다. 결국 전체 홍역 환자 중 4~10%는 홍역으로 죽거나 심각한 장애가 생깁니다. 무려 3만 6000~9만 명입니다.

B 도시는 어떨까요? MMR는 접종률이 95% 이상 유지되면 홍역에 대한 집단 면역이 생깁니다. 가상이긴 하지만 접종률 100%인 B 도시에는 홍역에 걸리는 아이가 없습니다. 그 대신 백신 부작용이 생길 수 있겠죠. 전체 접종자 100만 명 중 75%는 홍역을 앓지

도 않고 부작용도 없이 잘 지내게 됩니다. 5만~15만 명(5~15%)에서 열이 났다가 좋아지고, 5만 명(5%)에서 발진이 생겼다 사라집니다. 5만 명(5%)에서 임파선이 부었다가 괜찮아집니다. 5000명(0.5%)에서 관절 통증이 생겼다 회복됩니다. 1/3000인 333명이 열성 경련이 생겨 응급실에 갈 수 있습니다. 25명에서 특발성 혈소판 감소증이 생기고 드물게 네오마이신, 젤라틴 성분에 의한 알레르기나 발생할 수 있습니다.

어느 도시에서 아이가 더 안전하고 건강하게 자랄 수 있는지는 분명합니다. 백신은 접종을 받은 아이 자신을 보호하기도 하지만 집단 면역을 통해 공동체의 건강을 지키는 보호막의 역할도 합니다. 집단 면역의 효과는 이미 충분히 검증되었습니다.

백신 접종은 부모의 선택 아닌가요?

🙂 "예방 접종을 국가 필수 접종으로 꼭 해야 하는 것일까요? 정부와 제약회사의 짬짜미로, 부작용에 대한 검증도 없이 접종되고 부작용도 늘어나고 있다고 하던데요."

🙂 "예방 접종을 안 맞히면 어린이집 입소도 힘들고, 학교 입학할 때에도 눈치를 주네요. 마치 아이를 학대하고 있다고 생각하는 것 같아요. 제 나름대로 공부해서 부모의 소신대로 아이에게 접종

을 하는 것이 맞지 않나요?"

국가가 나서서 하는 백신 접종이 개인의 선택권이나 자유를 저해한다고 생각해 거부감을 가지는 분들이 있습니다. 그런데 지금의 국가 예방 접종은 나나 내 아이만의 일이 아니고, 우리 공동체의 건강을 유지하고 나아가 약자를 위한 것이기도 합니다. 항암 치료 중인 소아암 환아들이나 면역 저하 질환자, 노인들은 집단 면역의 보호가 필요합니다. 접종률이 떨어져 집단 면역이 깨지면 이런 이들은 생명의 위협을 받아야 하는 것이죠. 신생아에게 접종한 폐렴구균 백신이 신생아들뿐만 아니라 노인들의 폐렴 발생도 줄인 것을 보면 백신이 어떻게 건강 약자들에게 도움이 되는지 알 수 있죠. 게다가 무료 국가 접종을 함으로써 돈이 없어 예방 접종을 하지 못하는 경우를 줄이고 취약 계층의 건강도 지킬 수 있습니다.

간혹 다국적 제약회사나 세계보건기구가 공모하여 예방 접종을 확산시키고 있다고 생각하는 분들도 있습니다. 그런데 바꾸어 생각해 보면 제약회사 직원들이나 국가의 질병 관리자들, 세계보건기구에서 일하는 사람들도 결국은 아이들을 키우는 부모들이자 공동체의 일원입니다. 이 모든 사람을 자본의 노예로 볼 필요는 없다고 생각합니다.

의약품에 대한 감시 체계도 작동하고 있습니다. 한때 식욕억제제로 각광을 받고 엄청나게 판매되었던 리덕틸이라는 약이 있었습니다. 그런데 유럽 의약품청에서 이 약이 심혈관계 질환의 고위 험군 환자들에게 관련 질환의 위험을 높인다는 연구 결과를 발표 하자 2010년에 판매 중지가 결정되었습니다. 이외에도 연구를 통 해 부정적인 결과가 나와 퇴출되거나 사용이 제한된 약품들이 많 이 있습니다. 최근만 해도 발사르탄이라는 고혈압약과 라니티딘 이라는 위장약 중 일부에 발암 물질이 포함되어 해당 약품의 제조 나 수입, 판매와 처방이 중지된 사건이 있었죠.

백신도 옛날에 개발된 것들이 현재까지 그대로 쓰이지는 않습니 다. 수많은 연구와 실험, 실패와 성공의 경험들이 쌓여서 지금의 백 신이 만들어진 것이고, 앞으로도 조금씩 나아지리라 생각합니다.

자연적으로 생기는 면역이 제일 좋다?

😀 "인공적으로 예방 접종을 해서 생기는 면역은 자연스럽지 않 아 왠지 거부감이 들어요. 자연적으로 병을 앓고 면역이 생기도록 하는 것이 더 좋지 않을까요?"

😀 "옛날에는 흙을 밟으며 자연 속에서 뛰어노니까 다 건강하고 면역도 저절로 생겼잖아요. 요즘 애들도 그렇게 키우는 게 좋지 않 을까요?"

백신에 대해 거부감을 갖는 분들 중 일부에서는 자연스럽게 면역력을 키우는 것이 좋다며 자연 면역을 맹신하거나 백신에 대해 오해를 하는 분들도 있습니다. 그래서 자연 면역을 얻기 위해 수두 파티를 한다는 생각도 하게 되죠.

이 '자연스러움'에 대한 오해는 '진화와 자연 선택'에 대한 오해이기도 합니다. 자연 선택은 자연 속에서 키우면 그 아이가 점점 강해지는 것이 아니라 사실 약한 사람이 사망하면서 생기는 것입니다. 홍역, 디프테리아, 소아마비 같은 병들이 백신 이전 시대에 얼마나 큰 위협이었는지 모르는 분들이 많습니다. 우리 인류가 수많은 감염병 속에서 얼마나 많이 희생당했는지도요. 물론 여기까지 책을 읽은 분들은 이제 아시겠지만요.

지금처럼 전 세계 인구의 대부분이 도시에 밀집되어 살고 있는 상태에서 예방 접종과 집단 면역이라는 보호막 없이 아이들을 키운다면, 과거처럼 약한 이들은 사망하고 강한 이들은 살아남아 인류 전체로서는 면역력이 좋아질 수도 있습니다. 하지만 우리가 바라는 공동체는 그런 모습이 아니지 않을까요.

간혹 예방 접종으로 바이러스를 박멸시키는 것은 자연스럽지 못하기 때문에 좋지 않다는 의견을 가진 분들도 있어요. 생태계의 교란 같은 것을 염려하는 것이겠지요. 저는 예방 접종이 100% 완벽하다고 말씀드리는 것이 아닙니다. 앞으로의 일은 제가 예측할 수도 없고, 예측해서도 안 되는 일이죠. 하지만 아직까지 예방 접종

은 지금 이 순간을 살아가는 인류가 거대한 자연으로부터 스스로
와 공동체를 지키기 위한 최선의 방법이라고 생각하고 있습니다.

그래도 우리가 백신을 접종해야 하는 이유

이런 생각 해 본 적 있으신가요? 우리가 당연하다고 여기는 것
들이 한때는 전혀 알지 못했던 사실이고, 아주 작은 진실 하나를
찾기 위해 수많은 과학자들이 무수한 실패와 작은 성공들을 거듭
했어야 했다는 사실이요. 예를 들어 '지구는 편평하지 않고 둥글
다.'라는 작은 진실을 위해 역사 속에서 수많은 관찰과 논쟁, 그리
고 실패와 성공들이 있었지요.

의학의 역사에서도 마찬가지입니다. 지금 우리가 '거의 진리'라
고 생각하는 의학적 방법론들이나 이론들도 정말 수많은 시행착
오와 실패, 성공과 좌절들이 쌓이고 쌓여서 이루어진 것들이죠. 그
렇다고 해서 지금 인류가 진리라고 생각하는 것이 꼭 절대 진리인
것도 아닐 거예요. 그저 진리라고 생각하는 방향으로 한 발 한 발
나아갈 뿐이라고 생각합니다.

저는 백신에 대해 걱정하는 분들의 마음을 이해는 합니다. 그분
들 대부분이 아이의 건강에 대해 관심이 많고 그래서 고민을 한다
고 생각해요. 오히려 아무런 의심이나 고민 없이 그냥 모든 것을

진리로 받아들여서는 안 된다고 생각합니다.

백신에 대해 우려하는 부모님들이 가장 먼저 말씀하시는 것은 바로 부작용과 첨가물에 대한 걱정입니다. 이럴 때는 대부분 앞에서 언급한 것과 같이 정확한 정보를 제시하고 설명드리면 납득을 하시죠. 안전성에 대한 또 다른 걱정은, 백신을 어린 시기에 접종하면 아이의 면역계가 감당하지 못할 것 같다는 것입니다. 그렇지만 앞서 알아보았듯이 우리의 면역 시스템은 내재 면역이든 획득 면역이든 다양한 항원에 한꺼번에 대처할 수가 있게 설계되어 있습니다. 게다가 지금 우리 아이들은 오히려 1980년대의 아이들에 비해 훨씬 적은 수의 항원들을 만나고 있습니다. 이는 백신 제조 기술이 발전하면서 백신에 들어가는 첨가물이 줄어들었기 때문이죠.

또한 백신은 해당 질병을 줄여 항생제 오남용을 막을 수 있습니다. 항생제는 꼭 필요한 약이지만 미래 세대를 위해 신중하게 사용해야 합니다. 항생제 사용에 대해 걱정하시는 분들이 오히려 백신 접종을 꺼리는 것은 합리적인 선택이 아닙니다. 특히 b형 헤모필루스 인플루엔자와 폐렴구균 백신은 실제로 폐렴과 중이염 발생률을 줄여 항생제의 사용과 내성률을 줄였죠.

백신에 대한 오해나 걱정, 불신들을 섬세하게 들여다보고 설명하면 대부분은 납득을 하시는데, 저를 비롯한 의사들이나 정부에서 잘 대응하고 있는지는 의문입니다. 알고 보면 백신에 대해 걱정하는 부모님들이 공부도 많이 하시거든요. 그런데 그런 분들이 백신 부작용, 백신 불안에 대해 검색을 했을 때 나오는 정보들은 대부분 백신에 대한 부정적인 내용입니다. 왜 의료인에게 조언을 구하지 않느냐고 물어보면, 백신을 거부하면 일단 미개하다거나 이해가 안 된다는 식의 반응이 먼저 나오니까 말을 꺼낼 수도 없다고 합니다. 그래서 맘 카페나 인터넷 등에서 출처가 불분명하거나 편향된 정보들을 지속적으로 보고 그것이 진짜라고 생각하게 되지요. 그러니 부모님들의 걱정을 구체적으로 들여다보고 거기에 맞춰 적절한 정보를 친절하고 세세하게 제공할 필요가 있습니다.

마지막으로, 백신은 부작용이 있을 수 있습니다. 그러므로 백신 부작용에 대한 감시와 보상은 적극적으로 이루어져야 한다고 생각합니다. 예방 접종을 거부하는 사이트에 보면 부작용 사례와 함께 보상에 대한 불만들이 보이더라고요. 예방 접종은 세금을 내는 것과 같고, 자신과 공동체를 위한 행동입니다. 2018년 2월 『뉴스타파』 기사를 보면 국가 접종을 받은 뒤 뇌전증을 진단받은 아이의 사연이 나옵니다. 아이는 2015년 DTaP-폴리오 복합 백신 접종 후 뇌전증이 발생했고 부모가 이에 대해 피해 보상 신청을 했으나 기각되었죠. 현재의 보상 체계는 부작용 발생이 백신과 관련 있다는 것이 명확하게 확인되어야 인정됩니다. 하지만 2014년에는 과학적·의학적으로 아직 증명되지 못했더라도, 개연성이 있고 다른 원인이 밝혀지지 않은 상태라면 예방 접종과 부작용의 인과 관계가 인정된다는 사법부 판결이 있었습니다. 예방 접종 부작용은

0.0017%로 극히 드물지만, 그 부작용을 실제로 겪는 아이와 가족에게는 100%의 불행이죠. 그러니 백신 부작용이 확실한 경우라면 충분한 보상이 이루어져야 백신에 대한 거부도 줄어들 것이라 생각합니다. 예방 접종의 부작용을 겪은 아이와 부모는 공동체가 져야 할 짐을 대신 진 것이니까요.

내 아이와 우리 모두를 위한 면역

다시, '면역이란 무엇인가'로 돌아가 보겠습니다. 면역이란 '나'와 '내가 아닌 것'을 구별하는 데서 시작합니다. 그런데, 나는 어디까지가 '나'일까요?

1953년 DNA의 이중 나선 구조가 발견되고 50년이 된 해인 2003년, 인간 게놈 프로젝트HGP가 완료되었습니다. 애초 인간의 복잡한 생물학적 기능을 보았을 때 수십만에서 수백만 개 정도의 유전자가 존재할 것으로 기대하였으나 결과는 달랐습니다. 인간의 유전자는 2만 개 정도에 불과했고 이는 가장 단순한 동물인 예쁜꼬마선충이 가지고 있는 유전자 수와 비슷할 정도여서 너무나 초라했죠. 당시 과학자들은 이 결과를 충격적으로 받아들였습니다.

이후 그 충격적인 결과를 만회할 만한 연구 결과가 나왔습니다. 인체에는 인간의 세포 수보다 훨씬 많은 미생물들이 살고 있고 이

것이 인간의 건강에 중요한 역할을 한다는 것이죠. 1958년 노벨 생리의학상을 수상한 생물학자 조슈아 레더버그는 '나'의 개념을 확장시켰습니다. 인간을 우리 몸을 구성하는 인간 세포나 유전 물질의 총체로 볼 것이 아니라, 인간과 그 인간과 공생하는 미생물의 하이브리드로 볼 것을 제안하며 '마이크로바이옴microbiome'이라는 명칭을 사용하기 시작한 것이죠. 2007년부터 시작된 인간 마이크로바이옴 프로젝트는 두 개의 프로젝트로 나뉘어 10년간 지속되었습니다. 이 프로젝트에서 얻은 결론은 체내 유익균은 단독으로 기능한다기보다 인체와 상호 작용을 통해 인간의 면역과 대사에 관련된 기능을 한다는 것이에요. 체내 유익균과 그 체내 유익균을 가진 개인은 각각 고유한 방식으로 연결되고 상호 작용을 하고 있다는 얘기죠.

우리는 서로 영향을 주고받고 있습니다. 사람끼리는 물론이거니와 동식물 심지어 미생물과도 말이죠. 그래서 우리 자신뿐 아니라 동물, 미생물을 포함한 환경이 모두 건강해야 건강할 수 있습니다. 이것이 바로 세계보건기구에서 말하는 '원 헬스One Health'의 개념입니다.

과학 기술이 발달하면서 세상은 점점 더 가까워지고 있습니다. 서울에서 부산까지 두 시간이면 이동이 가능하고, 지구 반대편까지도 만 하루면 이동할 수 있죠. 사람의 이동 속도만큼 감염병의 전파 속도도 빨라졌습니다. 천연두는 기원전 1157년경 이집트의 람세스 5세를 감염시켰으나 신대륙에는 2500년 후인 15세기에 전파되어 원주민들을 몰살시켰죠. 1817년 인도 콜카타에서 발생한 콜레라는 1854년에 영국 런던에 상륙합니다. 스페인독감은 1918~1919년 2년 동안 전 세계를 초토화시켰고, 2002년 사스와 2009년의 신종플루, 2015년의 메르스, 그리고 코로나19 사태를 떠올려 보면 최근의 감염병은 수개월이면 전 세계로 확산된다는 것을 알 수 있습니다.

도시는 점점 더 커지고 있습니다. 우리나라만 해도 인구가 100만 명이 넘는 도시가 열 개나 됩니다. 대도시는 평상시에는 효율적이고 살기 편하지만 집단 면역이 없는 상태에서 신종 감염병이 유행하면 환자 발생률이 급격히 늘어날 수 있습니다. 2009년 신종플루가 유행할 때에도 도시 지역에서 환자 발생률이 압도적으로 높았고 지역 간 차이가 최대 14배나 났었죠.

우리 아이들은 커 갈수록 많은 사람들을 만나고 더 넓은 곳에서 활동하게 됩니다. 아기였을 때는 엄마 아빠와 가까운 가족 몇 명하고만 접촉했지만, 이후 어린이집이나 유치원, 학교에서 공동체 생활을 하죠. 만나는 사람이 많아질수록, 활동 영역이 넓어질수록 셀 수도 없이 다양한 미생물들을 만나게 됩니다.

우리 아이들은 점점 가까워지고 빨라지고 거대해지는 세상에서 살아 움직이기 위해, 건강하게 크기 위해, 지금도 수많은 면역 경험을 하고 있습니다. 끊임없이 싸우고 협상하고 경험하며 배우고 성장하고 있습니다. 그러니 부모님들은 마땅히 그 성장을 지켜보고 도와줘야 합니다.

부모로서 우리가 아이의 면역 건강을 위해 해야 하는 일들이 있습니다. 아이가 아플 때 잘 지켜보고 적절한 치료가 이루어지도록 의료진과 협력하는 것, 항생제가 오남용되지 않도록 하는 것, 필요시 처방받은 항생제는 복용법에 따라 충분히 복용시키는 것, 예방 접종은 꼭 해 주는 것, 가능하면 무항생제 식품을 구매하는 것 등이죠.

항생제 한 번 덜 쓰는 것, 예방 접종을 맞히는 것과 같은 구체적이고 작은 행동이 별거 아닌 것처럼 보일 수 있죠. 하지만 긴 호흡으로 보면 우리 공동체와 인류, 나아가 동물들과 미생물도 모두 조금은 더 건강해지도록 하는 작은 발걸음이 되지 않을까 생각합니다.

애초에 내 아이가 아프지 않고 잘 크게 해 주고 싶다는 생각으로 시작한 면역학 공부가 저에게는 '나'의 개념의 확장으로 이어졌습니다. 이 책을 읽으신 분들도 이런 제 마음에 조금은 공감하시지 않을까요. 나와 내 아이는, 작게는 우리 동네와 우리나라, 크게는 전 세계 사람들, 그리고 더 크게는 지구 환경 전체와 서로 영향을 주고받으며 살고 있으니까요.

아이의 면역 건강을 위한 열 가지 지침 ✔

❶ 생애 초기에 항생제 오남용 피하기

❷ 항생제를 써야 할 때는 정해진 용법에 따라 충분히 사용하기

❸ 이유식은 다양하고 풍부하게

❹ 체내 유익균을 위해 식이 섬유(프리바이오틱스) 골고루 먹이기

❺ 아이가 아플 때는 의료진과 협력하며 잘 지켜보기

❻ 예방 접종은 시기에 맞춰서 해 주기

❼ 건강한 생활 습관 길러주기(손 씻기, 기침 예절 지키기, 푹 자고 잘 뛰어 놀기)

❽ 많이 안아 주고 스트레스 줄여 주기

❾ 아토피 피부염이 있다면 적극적으로 대처하기(피부 보습 잘하기, 필요할 때에는 스테로이드제도 사용하기)

❿ 지구 환경의 건강이 곧 아이의 건강! 환경 보호를 위해 노력하기

참고문헌

김동숙, 이다희 「OECD 통계로 본 한국 의약품 사용 현황, 건강보험심사평가원」, 『정책현안』 12권 4호, 2018.

김동숙 등 「건강보험심사평가원 소아 외래 호흡기계 질환 항생제 처방의 적절성 평가」, 건강보험심사평가원 2019.

김중명, 이원길 『의사학개론』, 경북대학교출판부 2017.

스튜어트 블룸 『두 얼굴의 백신』, 추선영 옮김, 박하 2018.

서민 「기생충 질환의 최신지견」, *Korean Journal of Medicine*, 2013.

양현종 「백신 성분 알레르기 반응」, *Allergy Asthma and Respiratory Disease*, July 2014.

오카다 하루에 『세상을 뒤흔든 질병과 치유의 역사』, 황명섭 옮김, 상상채널 2017.

유진홍 『항생제 열전』, 군자출판사 2019.

이경석, 나영호 「한국 소아 알레르기비염의 연구」, *Allergy Asthma and Respiratory Disease*, Sep 2018.

임숙경 「2018년 국가 항생제 사용 및 내성 모니터링, 동물, 축수산물」, 식품의약품안전평가원 2018.

장항석 『판데믹 히스토리: 질병이 바꾼 인류 문명의 역사』, 시대의창 2018.

조경숙 「우리나라 결핵 실태 및 국가 결핵관리 현황」, 『보건사회 연구 37(4)』, 2017.

홍윤철 『질병의 종식: 우리는 어떻게 해야 질병 없는 삶을 누릴 수 있을까』, 사이 2017.

『성인 예방접종 안내서 제2판』, 질병관리본부 2018.

Andrew H. Liu, MD. James R. Murphy, PhD. "Hygiene hypothesis: Fact or fiction?" *Journal of Allergy and Clinical Immunology*, March 2003.

A. Katharina Simon, George A. Hollander, Andrew McMichael, "Evolution of the immune system in humans from infancy to old age," *Proceedings of the Royal Society B: Biological Sciences*, Dec 22, 2015.

Atkinson W, Wolfe C, Hamborsky J, *Epidemiology and Prevention of Vaccine-Preventable Diseases(12th ed)*, Centers for Disease Control and Prevention, Public Health Foundation, Washington, DC 2012.

Bok Yang Pyun MD. Professor, "Diagnosis and treatment of atopic dermatitis in children," *Journal of Korean Medical Assocciation*, Sep 2017.

Catherine Guettier, "Male cell microchimerism in normal and disease female livers from feta life to adulthood," *Heptology*, vol 42(1), June 16, 2005.

Chernikova D, Yuan I, Shaker M, "Prevention of allergy with diverse and healthy microbiota, an update". *Current Opinion in Pediatrics*, Jun 2019.

Colditz, GA, Brewer TF et al., "Efficacy of BCG vaccine in the prevention of tuberculosis. Meta-analysis of the published literature." *Journal of the American Medical Association*, 1994.

Dae-Wook Kang, James B. Adams, Devon M. Coleman et al., "Long-term benefit of Microbiota Transfer Therapy on autism symptoms and gut microbiota," *Nature*, Scientific report 9, 2019.

Dehner C, Fine R, Kriegel MA, "The microbiome in systemic autoimmune disease: mechanistic insights from recent studies," *Current Opinion in Rheumatology*, Mar 2019.

Droste JH. "Does the use of antibiotics in early childhood increase the risk of asthma and allergic disease?" *Clinical and Experimental Allergy*, Nov 2000.

Eichenfield LF, Hanifin JM, Beck LA, et al., "Atopic dermatitis and asthma: parallels in the evolution of treatment," *Pediatrics*, 2003.

Faith JJ, Guruge JL et al., "The long-term stability of the human gut microbiota," *Science*, Jul 5, 2013.

García C, El-Qutob D, Martorell A, et al., "Sensitization in early age to food allergens in children with atopic dermatitis," *Allergologia et Immunopathologia (Madr)*, 2007.

George Du Toit, M. B., B.Ch., Graham Roberts, D. M. et al., "Randomized Trial of Peanut Consumption in Infants at Risk for Peanut Allergy," *New England Journal of Medicine*, 2015.

Gil Sharon, Nikki Jamie Cruz, Dae-Wook Kang, "Human Gut Microbiota from Autism Spectrum Disorder Promote Behavioral Symptoms in Mice," *Cell*, 2019

Hamborsky J, Kroger A, Wolfe S, Centers for Disease Control and Prevention, *The Pink Book: Course Textbook, 13th ed*, Public Health Foundation, Washington, DC 2015.

Honda H, Shimizu Y, Rutter M, "No effect of MMR withdrawal on the incidence of autism: a total population study," *Journal of Child Psychology and Pscyhiatry*, Jun 2005.

Hviid A, Hansen JV, Frisch M, Melbye M, "Measles, Mumps, Rubella Vaccination and Autism: A Nationwide Cohort Study," *Annals of Internal Medicine*, Apr 16, 2019.

Jefferson T, Rudin M, and Di Pietrantonj C, "Adverse events after immunization with aluminium-containing DTP vaccines: systematic review of evidence," *Lancet Infectious Diseases*, 2004.

Jennifer Zipprich, PhD, Kathleen Winter, MPH et al., "Measles Outbreak-California, December 2014-February 2015," *Morbidity and Mortality Weekly Report*, Center for Disease Control and prevention, Feb 2015.

Kelleher M, Dunn-Galvin A, Hourihane JO, et al., "Skin barrier dysfunction measured by transepidermal water loss at 2 days and 2 months predates and predicts atopic dermatitis at 1 year," *Journal of Allergy and Clinical Immunology*, 2015.

Kimberlin DW, Brady MT, Jackson MA, Long SS, Red Book: 2018 Report of the Committee on Infectious Diseases, 31st ed, *American Academy of Pediatrics*, Itasca, IL, 2018.

Kliegman, Robert, *Nelson Textbook of Pediatrics, 21th ed*, Elsvier, 2019.

L. M. Thostesen, "Neonatal BCG vaccination and atopic dermatitis before 13months: a randomized clinical trial," *Allergy 73(2)*, 2017.

Linda Wampach, Anna Heintz-Buschart et al., "Birth mode is associated with earliest strain-conferred gut microbiome functions and immunostimulatory potential," *Nature Communications*, 2018.

Livanos AE, Greiner TU et al., "Antibiotic-mediated gut microbiome perturbation acceleratesdevelopment of type 1 diabetes in mice," *Nature Microbiology*, Aug 22, 2016.

Lora V. Hooper, Dan R. Littman, Andrew J. Macpherson, "Interactions between the microbiota and the immune system," *Sicence*, Jun 8, 2012.

Min-Jeong Oh, MD, "Vaccination in pregnancy," *Journal of Korean Medical Assocciation*, July 2016.

Olivia Ballard, Ardythe L. Morrow, "Human Milk Composition: Nutrients and Bioactive Factors," *Pediatric Clinics of North America*, Feb 2013.

Rich, Robert R., *Clinical Immunology: Principles and Paractice, 5th ed*, Saunders, 2019.

Rieckmann A, Haerskjold A et al., "Measles, Mumps and rubella vs diphtheria -tetanus-acellular-pertussis-inactivated-polio-Haemophilus influenza type b as the most recent vaccine and risk of early 'childhood asthma'," *International Journal of Epidemiology*, Apr 10, 2019.

Saari A, Virta LJ. "Antibiotic exposure in infancy and risk of being overweight in the first 24months of life," *Pediatrics*, Apr 2015.

Schlaud M. et al., "Vaccination in the first year of life and risk of atopic disease-Results from the KiGGS study," *Vaccine*, 2017.

Snezana Djurisic, Janus C Jakobsen, Sesilje B Petersen, Mette Kenfelt, "Aluminium adjuvants used in vaccines versus placebo or no intervention, *Cochraine Systematic Reviews*, September 24, 2017.

Stefan N. Hansen, MSc, Diana E. Eschendel, PhD, Erik T. Parner, PhD, "Explaining the Increase in the prevalence of Autism Spectrum Disorders, The proportion Attributable to Changes in Reporting Practices," *Journal of American Medical Association Pediatrics*, 2015.

Tang Y, Larsen J et al., "Methicillin-resistant and -susceptible Staphylo-coccus aureus from retail meat in Denmark," *International Journal of Food Microbiology*, May 16, 2017.

Tomczyk S, Lynfield R, Schaffner W, et al., "Prevention of Antibiotic-

Nonsusceptible Invasive Pneumococcal Disease With the 13-Valent Pneumococcal Conjugate Vaccine," *Clinical Infectious Diseases*, 2016.

Van den Hof S, Conyn-van Spaendonck MA, van Steenbergen JE., "Measles epidemic in the Netherlands, 1999-2000," *The Journal of Infectious Diseases*, 2002.

Vinay Kumar MBBS, MD, FRCPath, Abul K. Abbas MBBS and Jon C. Aster MD, PhD, *Robbins Basic Pathology/10th edition*, Elsevier, 2018.

Weiskopf D, Weinberger B, Grubeck-Loebenstein B, "The aging of the immune system," *Transplant International*, Nov 2009.

William F, Cecile Gurnot, Thomas J. Montine, et al., "Male Microchimerism in the Human Female Brain," *Public Library of Science One*, 2012.

Wilson MS, and Maizels RM, "Regulation of allergy and autoimmunity in helminth infection," *Clinical Reviews in Allergy and Immunology*, 2004.

Wollenberg A et al., "Consensus-based European guidelines for treatment of atopic eczema(atopic dermatitis) in adults and children: part I," *Journal of the European Academy of Dermatology and Venereology*, May 2018.

Components of a vaccine, Types of vaccine and adverse reactions, *VACCINE SAFETY BASICS learning manul*, World Health Organization, 2013.

Yan Wang, Lloyd H. Kasper, "The role of microbiome in central nervous system disorders," *Brain, Behavior, and Immunity*, May 2014.

Yatsunenko T, Rey FE, Manary MJ et al., "Human gut microbiome viewed across age and geography," *Nature*, May 9, 2012.

Zhang L, Prietsch SO, Axelsson I, Halperin SA. "Acellular vaccines for preventing whooping cough in children," *Cochrane Database of Systemic Reviews*, 2014.

아이를 위한 면역학 수업: 감염병, 백신, 항생제

초판 1쇄 발행 • 2020년 4월 3일

지은이 • 박지영
펴낸이 • 강일우
책임편집 • 김보은
조판 • 박지현
펴낸곳 • (주)창비
등록 • 1986년 8월 5일 제85호
주소 • 10881 경기도 파주시 회동길 184
전화 • 031-955-3333
팩시밀리 • 영업 031-955-3399 편집 031-955-3400
홈페이지 • www.changbi.com
전자우편 • ya@changbi.com

ⓒ 박지영 2020
ISBN 978-89-364-5921-5 13590